服裝色彩搭配寶典

唯美映像 編著

服裝設計知識 × 材料與配色 × 個人定位與服裝色彩

服裝設計是富有創造性的創作行為
是實用性和藝術性相結合的藝術形式

一本設計師必須擁有的色彩搭配寶典，
透過大量優秀作品學習設計與色彩知識
跟著本書，設計就能脫穎而出

CONTENTS

目錄

前言　PREFACE

CHAPTER 01　服裝設計知識

1.1　服裝設計的概念 ……………………………… 005

1.2　服裝設計的標準尺寸 ………………………… 006

　　1.2.1　號型定義 ………………………………… 007

　　1.2.2　體型分類 ………………………………… 008

　　1.2.3　標準號型 ………………………………… 009

　　1.2.4　號型系列 ………………………………… 010

1.3　服裝構成 ……………………………………… 010

　　1.3.1　點 ………………………………………… 011

　　1.3.2　線 ………………………………………… 011

　　1.3.3　面 ………………………………………… 012

CHAPTER 02　色彩基礎知識

2.1　色彩的屬性 …………………………………… 016

　　2.1.1　色相 ……………………………………… 017

　　2.1.2　明度 ……………………………………… 019

　　2.1.3　彩度 ……………………………………… 020

2.2　色彩的對比 …………………………………… 021

CONTENTS

2.2.2　明度對比 ……………………………………… 025

2.2.3　彩度對比 ……………………………………… 027

2.3　中性色也可 Hold 住不同風格 ………………… 028

2.4　輕鬆駕馭亮麗色彩，搭出大牌效果 …………… 029

2.5　純色服飾如何搭配不落俗套 …………………… 030

2.6　合理的顏色搭配可凸顯苗條身材 ……………… 032

2.7　根據膚色選擇適合自己的服飾顏色 …………… 033

2.8　服裝色彩帶給人們的不同印象 ………………… 034

CHAPTER 03　個人定位與服裝色彩的關係

3.1　年齡與服飾色彩的關係 ………………………… 039

　　3.1.1　唯美的荷葉花式 ……………………………… 041

　　3.1.2　活力的少女裝扮 ……………………………… 043

3.2　性格與服飾色彩的關係 ………………………… 045

　　3.2.1　低調清新的藍色 ……………………………… 048

　　3.2.2　絢麗的金色 …………………………………… 049

　　3.2.3　稚嫩的粉紅色 ………………………………… 050

3.3　膚色與服飾色彩的關係 ………………………… 051

　　3.3.1　黃膚色的服裝搭配設計 ……………………… 054

　　3.3.2　白膚色的服裝搭配設計 ……………………… 055

　　3.3.3　黑膚色的服裝搭配設計 ……………………… 056

3.4　身材與服裝色彩的關係 ………………………… 057

　　3.4.1　顏色搭配讓你輕鬆穿出好身材 ……………… 060

　　3.4.2　多種身材搭配的視覺亮點 …………………… 061

3.5　用途與服裝色彩的關係……………………062

　　3.5.1　顏色點亮各種用途的服飾 ……………065

　　3.5.2　亮色調在不同用途服裝中的作用 …………066

　　3.5.3　暗色調在不同用途服裝中的作用 …………067

3.6　髮色與服裝色彩的關係……………………068

　　3.6.1　髮色與各種季節服飾的搭配 ……………071

　　3.6.2　年齡、髮色與服飾的搭配 ………………072

　　3.6.3　不同類型的服飾與髮色的搭配 …………073

3.7　妝容與服裝色彩的關係……………………074

　　3.7.1　深色服裝的妝容搭配 ……………………078

　　3.7.2　淺色服裝的妝容的搭配 …………………079

　　3.7.3　穿衣風格決定的妝容樣式 ………………080

CHAPTER 04　服飾類型與配色

4.1　服裝類 ……………………………………083

　　4.1.1　錯覺感服裝搭配打造瘦美人 ……………086

　　4.1.2　男裝細節上的吸引力 ……………………087

4.2　絲巾圍巾類 ………………………………088

　　4.2.1　讓時髦圍巾拯救衣品 ……………………090

　　4.2.2　小絲巾讓你洋氣起來 ……………………092

4.3　帽飾類 ……………………………………093

　　4.3.1　帽子提升服飾的整體風格 ………………095

　　4.3.2　男士帽子時尚搭配示範 …………………096

4.4　腰帶類 ……………………………………097

CONTENTS

4.4.1 腰帶與裙裝的完美搭配 ·············· 100

4.4.2 腰帶打造男士氣質 ················· 101

4.5 珠寶首飾類 ······················ 102

4.5.1 這樣的首飾搭配讓你更年輕 ·········· 104

4.5.2 季節更替的珠寶首飾搭配技巧 ········· 105

4.6 髮飾類 ························ 106

4.6.1 髮飾打造吸精髮型 ················· 108

4.6.2 不同風格髮飾的搭配 ··············· 109

4.7 包類 ························· 110

4.7.1 包包打造出明星範 ················· 113

4.7.2 讓包帶你走進時尚圈 ··············· 114

4.8 鞋靴類 ························ 115

4.8.1 靴子打造型男範 ·················· 118

4.8.2 短靴的迷人魅力 ·················· 119

CHAPTER 05　服裝材料與配色

5.1 棉織材料 ······················ 122

5.1.1 甜美優雅的服裝設計 ··············· 126

5.1.2 文藝清爽的服裝設計 ··············· 127

5.2 毛織材料 ······················ 128

5.2.1 個性率真的毛衣外套 ··············· 130

5.2.2 柔軟溫暖的外套 ·················· 131

5.3 絲織材料 ······················ 132

5.3.1 清淡儒雅的禮服 ·················· 134

5.3.2　飄逸的紗衣 ··· 135

5.4　麻織材料 ··· 136

　　5.4.1　極簡舒適的裝扮 ····································· 138

　　5.4.2　酷感隨性的裝扮 ····································· 139

5.5　皮革材料 ··· 140

　　5.5.1　性感的皮裙 ·· 143

　　5.5.2　皮褲潮流 ··· 144

5.6　裘皮材料 ··· 145

　　5.6.1　華麗低調的裘衣 ····································· 147

　　5.6.2　率性沉穩的裘裝 ····································· 148

5.7　化纖維材料 ··· 149

　　5.7.1　復古的中性風 ·· 152

　　5.7.2　突破自我的個性 ····································· 153

5.8　毛呢材料 ··· 154

　　5.8.1　大氣時尚的「跳躍」感 ··························· 156

　　5.8.2　時尚中透露的軍旅氣息 ··························· 157

CHAPTER 06　不同用途的服裝搭配妙招

6.1　休閒裝 ··· 161

　　6.1.1　前衛休閒裝 ··· 164

　　6.1.2　傳統休閒裝 ··· 165

6.2　運動裝 ··· 166

　　6.2.1　輕盈的網球運動裝 ··································· 169

　　6.2.2　輕鬆的運動裝 ·· 170

CONTENTS

6.2　職業裝 ·· 171

　6.3.1　細膩婉約的職業裝 ······································ 174

　6.3.2　輕靈時尚的褲裝 ·· 175

6.4　居家裝 ·· 176

　6.4.1　休閒的居家套裝 ·· 178

　6.4.2　優美時尚的睡衣套裝 ·································· 179

6.5　晚宴裝 ·· 180

　6.5.1　光鮮奪目的禮服 ·· 183

　6.5.2　華美優雅的禮服 ·· 184

6.6　約會裝 ·· 185

　6.6.1　清新的約會裝 ·· 187

　6.6.2　成熟魅力的約會裝 ······································ 188

6.7　聚會裝 ·· 189

　6.7.1　嫻雅安逸的聚會裝 ······································ 192

　6.7.2　文雅生動的聚會裝 ······································ 193

6.8　舞會裝 ·· 194

　6.8.1　性感妖嬈舞會裝 ·· 196

　6.8.2　自然清新的舞會裝 ······································ 197

CHAPTER 07　服飾風格與配色

7.1　通勤風格 ·· 201

　7.1.1　通勤西裝的亮點搭配 ·································· 203

　7.1.2　混搭打造時尚通勤裝 ·································· 204

7.2　中性風格 ·· 205

7.2.1 不同的襯衫打造出的中性風格 …………… 207

7.2.2 中性色打造中性風格 ………………… 208

7.3 淑女風格 ……………………………… 209

7.3.1 連身裙打造淑女風 ………………… 211

7.3.2 襯衫打造的淑女裝 ………………… 212

7.4 運動風格 ……………………………… 213

7.4.1 清爽怡人的運動裝搭配 …………… 215

7.4.2 個性運動服裝搭配讓你愛上運動 …………… 216

7.5 文藝風格 ……………………………… 217

7.5.1 減齡的文藝風格 …………………… 219

7.5.2 格子衫打造出的文藝風 …………… 220

7.6 華麗風格 ……………………………… 221

7.6.1 華麗服裝讓你做氣質女神 ………… 223

7.6.2 多種樣式的華麗風格服裝 ………… 224

7.7 民族風格 ……………………………… 225

7.7.1 使人眼前一亮的民族風 …………… 227

7.7.2 混搭風格的民族風 ………………… 228

7.8 嘻哈風格 ……………………………… 229

7.8.1 獨具風格的嘻哈風格服飾 ………… 231

7.8.2 混搭讓你穿出個性的嘻哈風 …………… 232

前言
PREFACE

　　本書是一本針對服裝設計、色彩搭配設計的參考書。本書注重理論和實踐相結合，不但有對大量優秀作品的分析和點評，還有手動調整配色的特色章節。希望讀者能透過對本書的學習，快速了解服裝設計、色彩搭配設計的思路，透過大量的優秀經典案例獲得寶貴的設計經驗。

　　本書共分 7 章，具體內容如下：

　　第 1 章為「服裝設計知識」，包括服裝的概念、服裝設計的標準尺寸、服裝構成。

　　第 2 章為「色彩基礎知識」，包括色彩的屬性、色彩的對比、常用色彩技巧。

　　第 3 章為「個人定位與服裝色彩的關係」，講解年齡與服飾色彩的關係、性格與服飾色彩的關係、膚色與服飾色彩的關係、身材與服裝色彩的關係、用途與服裝色彩的關係、髮色與服裝色彩的關係、妝容與服裝色彩的關係。

　　第 4 章為「服飾類型與配色」，包括 8 種類別的服飾類

型與色彩搭配技巧。

第 5 章為「服裝材料與配色」，包括 8 種類別的服裝材料與色彩搭配技巧。

第 6 章為「不同用途的服裝搭配妙招」，包括 8 種用途的服飾與色彩搭配技巧。

第 7 章為「服飾風格與配色」，詳細講解 8 種服裝設計風格。

本書主要由唯美映像組織編寫，瞿穎健、曹茂鵬參與了本書的主要編寫工作。另外，由於本書工作量較大，以下人員也參與了本書的編寫和資料整理工作，他們是柳美余、李木子、葛妍、曹詩雅、楊力、王鐵成、於燕香、崔英迪、董輔川、高歌、韓雷、胡娟、矯雪、鞠闊、李化、瞿玉珍、李進、李路、劉微微、瞿學嚴、馬嘯、曹愛德、馬鑫銘、馬揚、瞿吉業、蘇晴、孫丹、孫雅娜、王萍、楊歡、曹明、楊宗香、曹瑋、張建霞、孫芳、丁仁雯、曹元鋼、陶恆兵、瞿雲芳、張玉華、曹子龍、張越、李芳、楊建超、趙民欣、趙申申、田蕾、仝丹、姚東旭、張建宇、張芮等，在此一併表示感謝。由於時間倉促，加之水準有限，書中難免存在錯誤和不妥之處，敬請讀者們批評和指正。

編者

CHAPTER

01

服裝設計知識

　　服裝設計屬於工藝美術範疇，是實用性和藝術性相結合的一種藝術形式，是解決人們穿著生活體系中諸多問題的富有創造性的計畫及創作行為。它是一門涉及領域極廣的冷門學科，需要了解文學、藝術、歷史、哲學、宗教、美學、心理學、生理學以及人體工學等知識。

1.1　服裝設計的概念

服裝設計一詞，既有抽象性的特徵，又有概括性的特徵。服裝的創新設計是概念設計最為重要的表現形式，而完整合理的服裝設計方案，其重點在於對專業的考量與整理，結合當代的思想風潮與意識觀念，從而獲得更為寬泛的靈感管道，以豐富服裝整體設計內涵。

服裝的概念可以從狹義和廣義兩個範疇來理解：狹義範疇的服裝主要是指利用紡織物等各種材質製作而成的生活用品；廣義服裝是指一切與人體相關的物質形態都可以涵蓋在服裝概念中。借鑑成功作品的風格和細節，並不意味著生搬硬套，而在於在掌握剪裁和板型設計的基礎上，吸收成功案例的搭配設計手法，與穿著者自己氣質相結合，培養出獨特敏感的審美能力。扎實的功底與良好的審美是服裝搭配設計的前提。

　　隨著時代的發展變遷，人們對美的概念也有各式各樣認知。服裝設計兼備實用性與美觀性，是靈活創作與設計的組合搭配，又充滿自身表達的特性。不同的時代文化能夠產生不同的構架思想，而充分掌握服裝的剪裁設計、工藝手法和設計構思，則能最大程度地將服裝特色搭配風格與穿著者自身氣質進行完美地融合。

1.2　服裝設計的標準尺寸

　　服裝的尺寸呈現了服裝與人體的關係，根據每個人的身型不同，量出的尺寸也是有所不同的。服裝有男、女、老、少之分，又有著春、夏、秋、冬之分。而現今中國服裝的型號標準和規則主要包括號型定義、體型分類、標準號型和號型系列。

標準	國際	歐洲	美國	法國 (FRA)	義大利 (IT)	韓國 (尺碼 ／胸圍)	中國	胸圍 (cm)	腰圍 (cm)
尺碼明細	XXXS	30~32	0	34	38	22/75	145/73A	74~76	58~60
	XXS	32~34	0	36	40	33/80	150/76A	76~78	60~62
	XS	34	2	38	42	44/80	155/80A	78~81	62~66
	S	34~36	4~6	40	44	88/90	160/84A	82~85	67~70
	M	38~40	8~10	42	46	66/95	165/88A	86~89	71~74
	L	42	12~14	44	48	77/100	170/92A	90~93	75~79
	XL	44	16~18	46	50	88/105	175/96A	94~97	80~84
	XXL	46	20~22			99/100	180/100A	98~102	85~89

1.2.1 號型定義

　　「號」是指高度，用公分來表示人的身高，是服裝設計中長度的依據；「型」是指圍度，用公分來表示人體的胸圍和腰圍，是服裝設計中圍度的依據。

1.2.2　體型分類

　　人的體型可分為 4 類，代號分別為 Y、A、B、C。Y 是指胸圍大、腰圍細的體型，也可以說是纖瘦的體型；A 所指的是一般的體型；B 所指的是微胖的體型；C 所指的是胖體型。

　　另外，人的體型還可以分為矩形、倒三角形、正三角形和沙漏形。

1.2.3　標準號型

　　服裝號型的展示方式是將號與型之間用斜線分開，後接體型分類代號，這種標準號型在服裝上是必須要有的。下面來看一下常見的成人裝型號。

⊙　常見的成人上衣型號：150/76A、155/80A、160/84A、165/88A、170/92A、175/96A、180/100A、185/104A；S（小號）、M（中號）、L（大號）、XL（加大號）、XXL（特大號）、XXXL（最大號）等。

⊙　常見的成人下裝型號（裙、褲）：150/60A、155/64A、160/68A、165/72A、170/76A、175/80A、180/84A、185/88A。

　　每個數字後面的「A」表示的是亞洲人的標準體型。

1.2.4　號型系列

　　服裝的號型系列有利於成衣的生產和銷售。號型系列以體型中間體為主中心，再向兩邊依次遞增或遞減組成。

1.3　服裝構成

　　服裝的構成要素主要包括點、線、面，因此要熟知點、線、面在服裝設計中的運用，了解基本概念。服裝設計就是運用美的形式法則將點、線、面結合，無論款式怎樣變化，它的塑型要素都離不開點、線、面，這樣才能形成完美的造型。

1.3.1 點

　　點在空間中主要起著表明位置的作用，有著醒目突出的誘導性效果。點是線的開始和終結，是一切形態的基礎，也是設計中最為靈活的要素。點是有限度的，它要是超越了這個限度就會失去點的性質，很容易就演變成了線或面。

　　點可以分為兩類：一是有規則的點，如服裝上的一些鈕扣或口袋等；二是不規則的點，在視覺上沒有形成一定的形狀，通常給人一種自然之感。

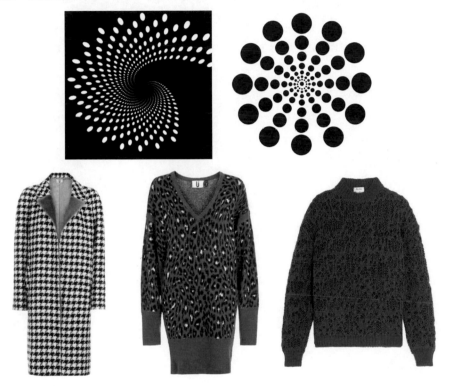

1.3.2 線

　　線是連續的點的軌跡，它和點一樣是服裝設計中不可缺少的造型要素之一，又可以以各種形式達到千差萬別的視覺效果。如水平線會給人平靜、安定、莊重、挺拔的感覺；斜線像直線一樣簡潔，有著方向感；曲線則是較為柔和圓潤，有著優雅之感。

1.3.3　面

　　面是由線移動的軌跡所形成的，它只有長度和寬度，卻沒有厚度，具有二維空間的性質。在服裝設計中，輪廓及結構線和裝飾線對服裝的分割形成了不同形狀的面，同時面的分割與組合又有著千變萬化的表現形式，可以產生風格獨特的視覺效果。

CHAPTER

02
色彩基礎知識

2.1　色彩的屬性

　　世界上每一樣東西都有其自己的屬性，色彩也不例外，其具有獨特的三大屬性：色相、明度、彩度。所有的色彩都有這三大屬性，色相、明度、彩度是界定色彩感官識別的基礎。色彩設計的基礎是靈活地應用三大屬性變化，透過色彩的色相、明度、彩度的共同作用，可更加合理地達到某些目的或效果。色彩可分為有色彩和無色彩，「有色彩」具有色相、明度和彩度三大屬性，而「無色彩」只具有明度。

2.1.1　色相

　　色相可以稱為顏色的「相貌」，與色彩的明暗無關，而是用來區別色彩的名稱或種類。色相是根據該顏色光波的長短來進行劃分的，不同的波長會對色相有影響，而具有相同波長的色彩，其色相也相同。例如明度不同的色彩，但他們的波長處於780nm ～ 610nm 之內，那麼它們的色相都是紅色。

紅——780nm ～ 610nm
橙——610nm ～ 590hm
黃——590nm ～ 570nm
綠——570nm ～ 490nm
青——490nm ～ 480nm
藍——480nm ～ 450nm
紫——450nm ～ 380nm

　　說到色相就必須了解一下，什麼是「三原色」、「二次色」和「三次色」。

　　三原色由 3 種基本原色構成，原色是指不能透過其他顏色的混合調配而得出的「基本色」。

　　二次色即「間色」，是由兩種原色混合調配而得出的。

　　三次色即是由原色和二次色混合而成的顏色。

原色：

紅　　　藍　　　黃

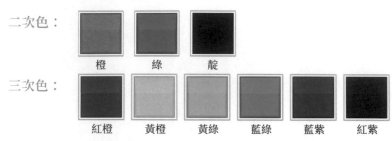

二次色：

橙　　　綠　　　靛

三次色：

紅橙　　黃橙　　黃綠　　藍綠　　藍紫　　紅紫

「紅、橙、黃、綠、青、藍、紫」是日常生活中最常見的基本色，在各色中間加一個中間色，其頭尾色相，即可製造出基本十二色相環。

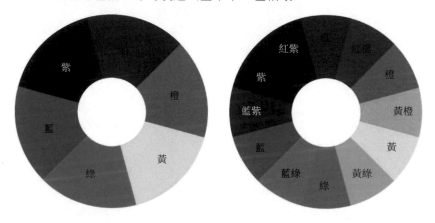

穿過色相環中心點的對角線所對應的兩種顏色，即兩種顏色相差的角度為 180°時，它們是相互的互補色。因為互補的兩種顏色色彩差異最大，所以當這兩種顏色互補時，它們的特徵會襯托得較為明顯。互補色相互搭配是較為常見的配色方法，如圖所示，紅色與綠色為互補色，紫色和黃色為互補色等。

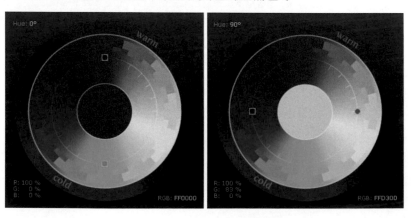

2.1.2 明度

簡單地說，明度就是顏色的亮度，較為科學的解釋是眼睛對光源和物體表面的明暗程度的感覺，是由光線的強弱決定出的視覺經驗。顏色的明度越高，色彩越白、越亮，反之則越暗，如圖所示。

低明度　　　　　　中明度　　　　　　高明度

色彩的明暗程度可以分為兩種情況，一種是同一顏色的明度變化，另一種是不同顏色的明度變化。同一顏色的明度深淺變化效果如圖所示，而不同的色彩之間也存在明暗變化，其中以黃色明度最高，紫色明度最低，紅色、綠色、藍色、橙色的明度相近，為中間明度。

使用不同明度的色彩可以幫助表達畫面不同的感情。在不同色相中的不同明度效果如下（左）圖所示。在同一色相中的明度深淺變化效果如下（右）圖所示。

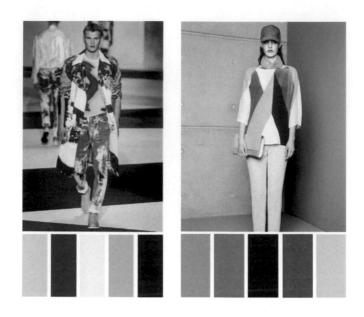

2.1.3　彩度

　　顏色的彩度是指色彩的鮮濁程度，也就是色彩的飽和度。色彩的飽和度取決於該物體表面選擇性的反射能力。在同一色相中添加白色、黑色或灰色都會降低它的彩度。如圖所示為有彩色與無彩色的加法。

　　色彩的彩度也像明度一樣有著豐富的層次，使得彩度的對比呈現出變化多端的效果。混入的黑、白、灰成分越多，則色彩的彩度越低。以紅色為例，在加入白色、灰色和黑色後其彩度也會隨著降低。

　　彩度在色彩搭配上具有強調主題和意想不到的視覺效果。彩度較高的顏色會給人帶來強烈的刺激感，能夠給人留下深刻的印象，但也容易使人感覺疲倦，要是與一些低明度的顏色相配合則會顯得細膩舒適。彩度也可分為 3 個階段。

- ⊙ 高彩度：8～10級為高彩度，給人一種強烈、鮮明、生動的感覺。
- ⊙ 中彩度：4～7級為中彩度，給人一種適當、溫和、平靜的感覺。
- ⊙ 低彩度：1～3級為低彩度，給人一種細膩、雅緻、朦朧的感覺。

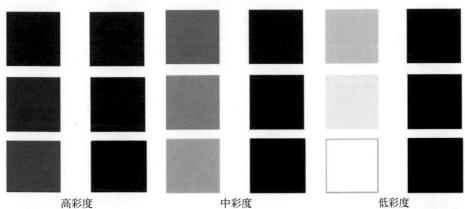

高彩度　　　　　　　　　　中彩度　　　　　　　　　　低彩度

透過調整色彩的彩度使畫面更加容易吸引使用者。色彩彩度越高，畫面呈現出的顏色效果越鮮豔、明亮，給人的視覺衝擊力越強；反之，色彩彩度越低，畫面越灰暗，同時也會使畫面變得柔和、舒適。整體來說，高彩度給人一種驚豔的感覺，低彩度給人一種灰暗的感覺。

2.2　色彩的對比

色彩對比主要是指冷暖色的對比，色調分為冷色調和暖色調兩大類。其中，紅、橙、黃為暖色調，青、藍、紫為冷色調，綠色不冷不暖為中間色調。色彩對比規律為：在冷色調的畫面中，能夠突出暖色主體；而在暖色調的環境中，冷色調則變為較醒目的主體。當然，色彩對比除了冷暖色對比外，還有飽和度對比、明度對比、色別對比。

色相對比是色相環中的任意兩種或多種顏色放置在一起時，透過比較呈現出色相上的差異。根據色相對比的強弱可分為鄰近色、對比色、互補色等，透過顏色相距的角度可以進行區分。在色相環上相差 90°以內的為臨近色對比，在 120°～ 180°的是對比色對比，180°的是互補色對比。

在周圍顏色的襯托下，該顏色會產生奇妙的色彩心理變化。換句話說，人們在視覺上看到的顏色會比實際偏紅或偏藍，這種現象源自人們心理的視覺本能，在視覺上會產生偏向周圍顏色的心理補色。除此之外，對高彩度的色彩進行對比，其對比度也會增加。這都有利於人們識別色相差異，以滿足人們不同的視覺要求。

任何色相都可以單獨作為作品的主色。多種顏色之間的同類、近似、對比、互補色相對比會產生不同的視覺效果。

1. 同類色相對比

同類色相對比是指同一色相裡不同明度的對比，因此在色相對比時，同類色相對比會顯得較為單純、柔和、協調。無論色相是鮮明的還是黯淡的，整體風格都容易協調統一。透過簡單地改變色相，就會使畫面色調得以改觀，與色相較強的顏色相結合，會給人一種高雅、文靜的感覺，相反則會讓人感覺單調、平淡。

2. 臨近色相對比

　　臨近色相對比要比同類色相對比更加明顯、豐富、活潑，補充了同類色相對比的不同，但相對來說就缺少了單純、雅緻、柔和等特點，當各種類型的色相對比放置在一起，同類色相和臨近色相對比，都能保持各自明確的色相特徵，帶給人們更加鮮明的視覺效果。

3. 對比色相對比

　　對比色相對比相較於臨近色相對比更加鮮明、強烈、飽滿。會提高人們的興奮度，然而也會造成視覺及精神上的疲勞。這類對比色相對比較複雜，很難做到色調

上的統一。對比色相對比可以豐富畫面,但過多的對比會產生過分的雜亂和刺激,
使得畫面顯得較突兀。

4. 互補色相對比

互補色相對比可以產生強烈的刺激感,給人印象最為深刻。

2.2.2 明度對比

明度對比也稱為黑白度對比,是指色彩的明暗程度上的對比。明度對比是色彩
構成中較為重要的一環,可以突出展現頁面中的層次、空間關係。若畫面只有色相

對比,則畫面的層次不夠鮮明,若畫面只有彩度對比,則圖案將難以辨認。

　　根據明度色標,可以把明度對比分為低調色、中調色及高調色,低調色的明度為零度到三度,中調色的明度為四度到六度,高調色的明度為七度到十度。而色彩明度中的差別,決定了對比的強弱。三度差以內的對比為短調對比,三度到五度內的差值為中調對比,五度以上的差值為長調對比。

　　如果在純色中加入白色的色調效果則被稱為高調色,如果在純色中加入灰色所形成的色調則被稱為中調色,如果在純色中添加黑色所形成的色調則被稱為低調色。

2.2.3　彩度對比

　　彩度是指色彩的鮮豔程度、飽和度，彩度對比是指不同彩度的顏色之間的對比效果。色彩上的彩度變化，可以帶來不同的視覺屬性。

　　彩度對比的強弱可以根據色彩的彩度差別大小進行區分。彩度對比弱的畫面給人的視覺效果比較弱，圖像清晰度比較低，需要長時間、近距離地觀看。彩度對比中等的畫面給人視覺效果最為和諧，圖像畫面主次分明，呈現出的效果含蓄豐富。彩度對比強的畫面則會出現下面這種情況，即鮮豔的顏色會更加鮮豔，暗濁的顏色更加暗濁，畫面中對比鮮明，富有生機，色彩辨識度較高。

2.3　中性色也可 Hold 住不同風格

　　中性色在服飾上是永不過時的顏色，摒棄了過於豔麗且閃亮耀眼的特點，打造一種簡單休閒的服飾風格，可以給人不同的視覺效果。中性色主要有黑白灰及各種深淺不同的灰色系列，也被稱為無彩色系。這種顏色通常比較柔和、舒緩，因此，中性色既不屬於冷色調，也不屬於暖色調。

　　黑白灰是常用的三大中性色，可以在任何色彩圖畫中造成協調、舒緩的作用，透過明度上的不斷變化與融合，造成對比、襯托的作用，可以給人意想不到的視覺效果。

　　特點：

1. 在服裝搭配上，黑色可以說是百搭色，可以單獨使用，也可搭配使用。黑色會提高一個人的整體氣質。另外，在實用性上，黑色是比較耐髒的顏色。

2. 白色也是百搭色，可以給人純潔、高雅、乾淨、善良的感覺，搭配明亮鮮豔的顏色可以引人注目，與淡色搭配會顯得輕盈飄逸，與深色搭配則會顯得成熟幹練。

3. 在服裝上灰色可以打造出多種風格，灰色可以混搭，例如灰色西裝搭配高級的布料，可以給人穩重、考究、知性的感覺。以灰色調為主的運動裝，給人一種輕鬆休閒又柔和親切的效果，雖然顏色不是特別豔麗，但也會帶給人們活力與生機。

2.4　輕鬆駕馭亮麗色彩，搭出大牌效果

　　色彩具有明度、彩度與色相三大屬性，如果服裝的明度低且明度差異過小，缺乏一定的層次感，會帶給人們較為壓抑、低沉的心理感受，可以將服飾的顏色進行明度的提升，以增強服飾的整體穿著效果。人們可以透過駕馭亮麗的高明度、高彩度色彩，提升自己的服飾風格，來吸引人們的眼球，成為人群中的風景。

　　提到明豔亮麗的顏色，首先會想到紅色，它會帶給人們強烈的誘惑力，但也會讓人感覺難以駕馭，可以搭配小面積的點綴色或者配飾，使其變得貼近生活，使穿著者變得明豔動人。

　　明亮色可以提升穿著者的氣質，張揚亮麗的紅色可以使人顯得年輕，明亮的黃色給人清新的視覺效果，清澈透亮的藍色給人寧靜、素雅的感覺，嬌嫩的粉色給人一種可愛的感覺。

　　特點：

1. 更能凸顯穿著者的個人氣質，彰顯個人青春亮麗的風格。
2. 亮麗色與中性色相的結合，是服飾色彩中的經典搭配，具有一定的時尚性。

2.5　純色服飾如何搭配不落俗套

　　純色的衣服在令人眼花繚亂的搭配中能夠脫穎而出，成為服飾設計中一股清流，人們漸漸從光彩奪目的繁雜裝飾中，找到了另一種顏色搭配，透過簡約的純色就可以打造出個性裝飾。選擇足夠亮眼的純色服飾搭配，可以給人一種幹練、簡潔的印象。

　　單色不僅不會單調，反而還比較耐看，單色服裝容易搭配飾品。一般而言，單

色單品比撞色單品要顯沉穩，也就更容易穿出端莊簡約的淑女氣質。

特點：

1. 純色服飾不是單調的代名詞，而是簡潔從容的搭配，是人們不忘初心的設計，
當繁雜消散的時候，將會留下優雅與從容。

2. 純色具有廣泛的應用性，便於搭配，女性穿著單色單品會比撞色單品更加穩
重，也更容易凸顯其華美簡約的淑女氣質，同時也為配飾留出了裝飾空間。

2.6　合理的顏色搭配可凸顯苗條身材

　　合理的色彩搭配，可以展現出穿著者較好的身形，不同顏色的搭配也可展現出穿著者不同的性格特徵，人們要找出自己體型的優點，根據色彩的特性揚長避短，塑造出理想的身體曲線。

　　特點：

1. 遵循合理的配色規律，結合自己的身體特徵、膚色、氣質以及出行場合，挑選最為適合自己的服裝色彩來搭配。相近色服裝搭配會體現穿著者溫文儒雅，對比色搭配給人以驚豔、強烈的感覺。

2. 較為豐腴的穿著者不適宜色彩飽和度較低的純色單品，或花紋色彩過於繁亂的衣物。身材較矮的穿著者可以嘗試低飽和度色彩的服裝，搭配顏色亮度高的帽飾。黑色對於體型肥胖者，視覺上具有較好的收縮效果，看起來會比實際身材要顯得苗條許多。

2.7　根據膚色選擇適合自己的服飾顏色

　　膚色是服裝穿搭的基調，起著決定性作用。可根據不同膚色的區別，選擇與之搭配的服裝配色，從而穿出自己的氣質。合理的服裝配色方案，充分結合穿著者的膚色特點，使穿著者的造型更加熠熠生輝。

　　特點：

1. 亞洲女性膚色偏黃，在服飾的選擇上應盡量避免灰色系服飾，身穿清涼色調的服裝，更能凸顯個人形象，提升整體精神面貌，使膚色看起來更加白皙。
2. 較為白皙的膚色，適宜搭配的服裝顏色種類繁多。暖色系衣物顯得溫婉柔美，冷色系服裝顯得高貴典雅。
3. 棕色皮膚常給人以夏威夷般的陽光沐浴感，適宜搭配白色或亮灰色服裝配飾，高明度和高飽和度的顏色差異對比，能夠凸顯穿著者更為健康和充滿活力的一面。

2.8　服裝色彩帶給人們的不同印象

　　服裝色彩能給人直覺的第一印象。結合穿著者的性格體徵，以及出行場合，巧妙運用合理的色彩搭配，能夠賦予不同款式衣物新的生命。「繽紛多彩」似乎並不能與日常服裝的搭配掛上鉤，只有挑選適合自己的服裝配色，才能夠充分展現出自己的穿衣風格和品味。

特點：

1. 使用相近色應用於服裝搭配，會不經意流露出恬靜典雅的氣息，給人和諧舒適的視覺感受。
2. 黑色與紅色搭配是經典的服裝配色，可以在 T 臺走秀上穿著，也可以在日常生活中穿著，另外，既可以作為華貴的禮服，也可以作為簡單的服飾。
3. 低彩度顏色的服裝色彩搭配，往往會給人一種低調親切的感覺。低彩度色彩服裝配飾，常給人以溫婉、謙遜、善良、寬容的視覺印象。

　　在服裝色彩的配色中，要考慮各個顏色在服飾上的面積比，不同顏色所占的面積不同，也會給人不同的視覺效果。不同色彩面積的大小，在一定程度上影響著人

們的服飾搭配，色彩的面積決定著人們的視覺感受。

對於挑選服飾具有以下建議：

1. 可根據風格來挑選服飾的款式，例如職業女性的通勤裝，可以有套裝、風衣、連身裙、西裝等。
2. 再好看的衣服也是為穿著者服務的，所以要根據人們的膚色進行顏色上的挑選。
3. 在顏色的搭配上，要區分主次。主色是一個服裝的主題基調，要與穿著者相互搭配，提升各自的品質。其次作為輔助色或是點綴色，在服裝中所占面積較小，具有一定的輔助效果，可以更加凸顯服飾的風格。

個人定位與服裝色彩的關係

　　服裝的色彩、類型、風格、板型、剪裁、布料多種多樣，總有一款是最適合你的。每個人的服裝穿著效果是由個人的膚色、髮色、身材、氣質等綜合因素來決定的，而服裝色彩是由 6 種固定色彩來決定的，即冷、暖、深、淺、靜、柔。而一個人的形像是展現內涵的外在表現形式，無論是生活還是工作，給人的第一印象是極為重要的。透過選擇最適合自己的服裝，凸顯自己的優勢、彰顯自己的氣質、散發自己的魅力。

3.1 年齡與服飾色彩的關係

　　不同年齡層的人群對服裝色彩都有著不同的喜好與需求,例如少年(7～18歲)偏愛紅色、橙色等鮮豔的色彩;青年(19～29歲)以自我為中心,服裝以時尚為主;中年(30～49歲)的服裝裝扮以舒適美化自己為主;老年(50歲以上)的服裝持有隨性的態度,但更注重舒適度。下面來欣賞一下青年與中年的服裝搭配設計。

1. 年齡與服裝色彩關係的特點

　　右邊所展示的是中年女士穿著的服裝,無論是布料還是色彩,均以舒適美觀為主,而且穿著起來也較為素雅端莊。

　　右邊所展示的是青年女士服裝,造型獨特、款式新穎,淋漓盡致地展現穿著者的個性美,又能夠塑造出內外兼修的美感。

2. 年齡與服裝色彩的配色方案

⊙　淡雅的配色：清新淡雅的配色更能展現典雅大方之氣，更適合中年與老年服裝。

⊙　趣味的配色：色彩斑斕不僅逗趣可愛，還有美化身形的功效。

⊙　靈動的配色：色彩明亮醒目，可以帶來靈動飄逸之感。

3. 年齡與服裝色彩的配色方式

　　精緻巧妙的刺繡點綴絲綢襯衫，增加了趣味的一面；不同明度的藍色中腰闊腿牛仔褲打造出酷感十足的效果；襯衫搭配牛仔褲，隨性中潛藏著精緻的個性感，青年和中年均可以以這樣的服裝裝扮。

　　一件帶有菱形花紋的毛衣，手感柔軟舒適，厚實又保暖，再搭配一條黑色修身褲，令穿著更為靈活舒適，又能勾勒出腰身的線條，展現出青年人率真的個性。

4. 年齡與服裝色彩的搭配技巧

這是一套以米白色和黑色融合搭配的服裝，是青年的著裝搭配。米色的連身裙搭配一雙黑色及踝短靴，再配上一個單肩包，使得整體裝扮散發著清新文藝的氣息。

淡粉色的荷葉褶皺紗裙輕盈、柔美，而豐富的紋理又將服裝展現得極為浪漫，再配上一雙及踝短靴，能夠昇華整體的造型，使得整體更加俐落瀟灑。

3.1.1　唯美的荷葉花式

荷葉花邊能夠裝扮出少女俏皮可愛的氣息和唯美感。荷葉邊柔美的風情很受女生的喜愛，能使人感受到婉約溫柔的氣質。

關鍵色：

色彩印象：

　　白色與藍色搭配，呈現出一種清新脫俗的美感。

小技巧：

　　荷葉邊的襯衫領口打造出花姿柔美的動人風情，再搭配一條撕邊牛仔喇叭褲，能盡情地展現曼妙的身姿，亦能釋放出女人味。

這是襯衫背面的設計，黑色的絲帶將領口隨意的豎起，使得領口更具有立體感，而中心處高開口設計，使得服裝更加獨特。

這是褲腳設計，撕邊的褲腳採用後拼接的設計手法，穿著起來更加具有靈動的美感。

這是上衣的荷葉邊領口，如一朵白雪蓮在頸間綻放，能夠突出女性的精美。

服裝的配色方案：

二色搭配

三色搭配

多色搭配

3.1.2 活力的少女裝扮

現今很多人喜歡年輕的裝扮，無論是青年還是中年，都會將自己裝扮得更加富有活力，讓自己看起來朝氣蓬勃。

關鍵色：

色彩印象：

這套服裝由灰色、深藍色和黑色搭配而成，使得色彩感較為和諧。

小技巧：

在灰色半袖上套一件格紋吊帶背心，再搭配一條黑色長褲和白色運動鞋，不僅能裝扮出層次感，更能勾勒出青春的活力氣息。

這是一件不規則花邊格紋吊帶，透著沉穩的文藝感。

這是一件純棉布料的短袖，略微寬鬆的設計穿著起來沒有緊繃感，舒適又百搭。

這是一條黑色中腰九分牛仔褲，配上毛邊褲腳，增添了幾分隨性的不羈之感。

服裝的配色方案：

二色搭配　　　　　三色搭配　　　　　多色搭配

襯衫是打造文藝清新感的最好搭配，乾淨的襯衫搭配一條飄逸的長裙，在秋冬依然可以穿出自己的優雅風格。

關鍵色：

色彩印象：

白色和米色融合搭配，呈現出柔美、細膩的感覺，讓人感覺溫暖清新。

小技巧：

襯衫＋長裙＋毛衣，增添了穿著者文藝清新的氣息，這種搭配看起來也更加出彩。

這是一件米色的針織毛衣，色彩清淡、紋理清晰，保暖又清爽。

這是服裝內搭的白色襯衫，獨特的剪裁設計，純美中透著時尚。

這是服裝內搭的短袖長裙，組合搭配透著文藝清新感，獨自搭配又散發著優雅的女性魅力。

服裝的配色方案：

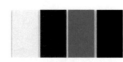

二色搭配　　　　　　　三色搭配　　　　　　　多色搭配

3.2　性格與服飾色彩的關係

　　服裝的色彩選擇可以傳遞出穿著者的性格，如紅色能呈現出活潑的氣息，黑色能夠表達穿著者的獨立性，白色能展現穿著者乾淨清爽、乾脆俐落的性格，粉色能展現穿著者細膩溫柔的性格等。

1. 性格與服裝色彩關係的特點

下面所展現的三套服裝均以黑色為主，體現了沉穩、樸素、直爽、幹練的性格特點。

黃色的衣服能傳達出歡快、活潑的氣息，而這種黃色很適合春季裝扮，而且還能透露出穿著者天真爛漫的性格。

2. 性格與服裝色彩配色方案

⊙　**絢麗的配色**：絢麗的服裝色彩能夠營造出高貴的感覺。

◎ 明媚的配色：明媚的色彩給人親切活潑的印象，呈現出神祕的氣息。

◎ 柔和的配色：清雅柔和的配色以突出服裝為特點，能精美絕倫地刻畫服裝的細節，盡情地展現服裝的魅力。

3. 性格與服裝色彩配色方式

　　這是一件低純度的紗質上衣，略微寬鬆的剪裁，毛邊荷葉裝飾，有著柔美的垂墜感，再搭配一條藍色刷色牛仔褲和一雙黑色高跟鞋，使穿著者彰顯出了叛逆不羈的氣息。

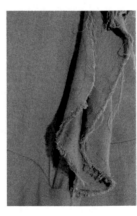

　　這是一件紅色紗質連身裙，透露著穿著者熱情的性格。無袖的設計，荷葉邊的裝飾，使得服裝更具有美感，腰間的繫帶設計更能勾勒出纖細的腰身，使穿著者十分美麗動人。

4. 性格與服裝色彩搭配技巧

　　喜歡穿白色服裝的人會給人一種乾淨舒適的感覺。這裡所展現的是一套白色套裝，沒有華麗外表的迷惑感，不僅突出完美的身材，更能展現出了美麗和自信。

　　紫色代表高貴和神祕。紫色的服裝能體現出敏銳的直覺和判斷力，也能看出穿著者有著極強的組織能力。淡紫色的紗質上衣搭配一條玫紫色的闊腿褲，能展現出身材流暢的線條，塑造出時下經典的睡衣風。

3.2.1　低調清新的藍色

藍色可以舒緩人們激烈躁動的情緒，像一汪清泉，緩緩流動。穿藍色服裝的人通常給人清新之感。

關鍵色：

色彩印象：

這是一件藍色襯衫連身裙，給人清新自然的感覺，雖沒有強烈的視覺衝擊，卻給人輕鬆、舒適、低調之感。

小技巧：

一件長款的襯衫裙再以一條同色的布藝腰帶隨意的束出腰身，塑造出別緻的風采，穿著藍色服裝往往給人一種謙虛謹慎之感。

襯衫袖口採用 3 個鈕扣裝飾，袖口還有一個 V 型的開口，使得服裝更加獨特，還能增加其美感。

布藝腰帶與服裝相連接，不僅方便，而且還避免了亂放易丟的現象。

服裝鈕扣處的嵌條採用條紋裝飾，左胸口處還設有一個口袋，令服裝風采倍加。

服裝的配色方案：

二色搭配

三色搭配

多色搭配

3.2.2 絢麗的金色

絢麗的金色傳遞出一種奢華的浪漫主義情懷，金色在服飾中合理使用，不僅不會顯得土氣，反而還會成為時尚界的寵兒，讓服飾散發出自信和時尚的味道。

關鍵色：

色彩印象：

服裝採用金色、紅色和黑色裝飾，金色是服裝的主色，透露著穿著者的尊貴氣息。

小技巧：

這是一件金色花紋長袖連身裙，金色的提花與領口精緻的花式，為服裝增添了鮮明的奢華感。

酒紅色的珠飾和亮片裝飾在頸部，如一條耀眼的「項鏈」點綴著領口，為服裝增添了富貴感。	裙子底色為黑色，再採用金色提花裝飾，讓服裝變得更具亮點，視覺效果也更加鮮明。	酒紅色的高跟涼鞋完美地搭配服裝，與服裝有著良好的契合感，讓整體裝扮變得更加出挑。

服裝的配色方案：

二色搭配　　　　　三色搭配　　　　　多色搭配

3.2.3　稚嫩的粉紅色

粉紅色的是女性的代表，是極具女性氣質的顏色，粉色服裝給人一種溫柔、嫻靜的氣質，這種色彩十分受女性的喜愛。

關鍵色：

色彩印象：

粉紅色服裝給人一種浪漫甜蜜的感覺，能夠突出女人溫柔的純美感。

小技巧：

粉紅色上衣搭配灰色針織的半身裙與尖頭高跟鞋，既時尚又能詮釋出女人的韻味。

這是一件粉紅色羊毛混紡毛衣，柔美的布料與簡單的剪裁，營造出舒適的感覺。

這是一件灰色修身半身長裙，裙襬不規則的剪裁設計，令裙襬優雅飄墜而下，塑造出大膽的前衛感。

這是一雙低跟鞋，採用柔滑的白色皮革製作而成，俐落的尖頭、稜角分明的開口設計，令雙腳顯得更加纖細，穿起來也顯得更加優雅。

服裝的配色方案：

二色搭配　　　　　　三色搭配　　　　　　多色搭配

3.3　膚色與服飾色彩的關係

　　膚色是服裝色彩設計意識中的主要依據，也是決定因素。服裝色彩與人體的膚色應該默契地配合著，才能彰顯穿著者獨特的氣質。人體的膚色大致分為 3 種：黃色、白色和黑色。皮膚有著明度的差異，不同明度膚色的人搭配上恰當的色彩能夠產生美的效果。

1. 膚色與服裝色彩關係的特點

　　下面所展現的是黑色皮膚與服裝搭配設計，黑色皮膚的人十分注意服裝色彩的搭配。灰色的上衣，粉色的闊腿褲，形成上深下淺的視覺感，有著端莊、大方、恬靜的感覺。

　　歐洲人的膚色白皙，他們穿著的服裝比較容易選擇，色彩搭配也較為廣泛。一件白色襯衫搭配一條黑色迷你短裙會顯得柔和、素雅，也會令穿著者皮膚更加白皙。

2. 膚色與服裝色配色方案

⊙ 皎潔柔和的配色：服裝的色彩清透明亮，有著百搭的效果，讓穿著的人變得更加清爽迷人。

⊙ 光線明亮的配色：該類色彩搭配的服裝更適合皮膚白皙的人穿著，能夠襯出如雪的膚色，又能展現出服裝的美感。

⊙ 青春百搭的配色：這是服裝色彩搭配中最常見的搭配，色彩的明暗劃分得清晰明確，讓穿著者穿出亮麗的自信感。

3. 膚色與服裝色常見的配色方式

　　這是為黃色皮膚的人設計的服裝穿著搭配。黃色皮膚的人適合穿一些淺淡的服裝，與膚色有著互補的作用，如圖中服裝搭配設計，青藍色的紗質迷你連身裙配上暗紅色的復古花紋，呈現出清麗、古樸的端莊感。

　　黃色的皮膚也可以稱為健康的小麥色皮膚，莫名的透出活潑的感覺。這套服裝以淺藍色為主，穿著起來給人乾淨明朗的感覺，也可以把皮膚襯得明亮一些。

4. 膚色與服裝色搭配技巧

　　這套服裝以不同明度的藍色搭配組合，有著融合性，又有著互補性，能使黑色皮膚的人穿著起來顯得更加健康乾淨。

　　該套服裝以灰色上衣和藍色九分牛仔褲搭配設計，這樣的色彩搭配與膚色相互補充，呈現出細膩、端莊的個性感。

3.3.1　黃膚色的服裝搭配設計

黃色皮膚的人穿著淺色的服裝，也能夠擦出不一樣的火花，能夠根據服裝在質地、配飾、款式等搭配上穿出千變萬化的效果。

關鍵色：

色彩印象：

灰色、藍色、黑色，3 種色彩組合搭配能夠展現出服裝搭配的層次感，使得穿著者更具有立體效果。

小技巧：

將襯衫裙搭配在毛衣內，再配上一雙黑色的皮鞋，既展現出女性甜美的氣息，又能突出獨特的個性化。

這是一件螺紋高領毛衣，寬鬆的廓形展現著舒適隨性的風格，穿著起來既保暖又不會有過多的束縛。

這是一件淡藍色純棉襯衫連身裙，寬鬆的設計呈現出一種率性而安逸的氣質。

這是一雙兩面皮革的切爾西靴，傳統的雕花細節使得鞋子更加雅緻迷人，再配上光滑亮麗的鞋面，能夠輕鬆地彰顯出率性和活力。

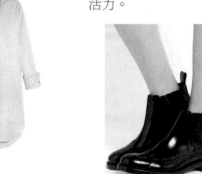

服裝的配色方案：

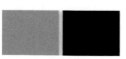

二色搭配　　　　三色搭配　　　　多色搭配

3.3.2　白膚色的服裝搭配設計

　　白膚色的人對著裝顏色有著廣泛的選擇，如果選用明亮淡雅的色彩會襯得皮膚更加白皙，如果選擇鮮豔的色彩會讓穿著者更加明豔動人，如果選用深色的服裝則會使人呈現出楚楚動人的感覺。

關鍵色：

色彩印象：

　　這套服裝採用白色、黑色、藍色組合設計，呈現出一種天然的朝氣感。

小技巧：

　　藍白條毛衣搭配一條寬鬆牛仔褲，再配上一雙黑色短靴，顯得文靜又雅緻。

這是上面所搭配的毛衣，既可以與褲裝搭配又可以與裙裝搭配，是一件百搭的單品。

該服裝採用黑色毛織荷葉邊裝飾，既可以襯托出穿著者可愛的特點，又可以承載時尚的氣息。

這條深藍色牛仔褲採用兩種不同明度的藍色裝飾，褲腳處一圈的拼接採用較深的藍色，塑造出破舊的懷舊氣息。

服裝的配色方案：

二色搭配

三色搭配

多色搭配

3.3.3 黑膚色的服裝搭配設計

膚色較黑的人應以色彩明亮的服裝來裝扮，這樣可以將皮膚與服裝有一個過渡的區分，穿起來也更加出彩。

關鍵色：

色彩印象：

黑棕色的皮膚搭配灰色、深綠色服裝，既不會與服裝有過多的距離感，又能展現出服裝的層次美。

小技巧：

闊腿褲是近年來比較流行的裝扮，將灰色的長衛衣束縛在綠色褲腰內，展現出穿著者幹練的一面，再配上一雙細跟高跟鞋，可以讓身材顯得高挑。

這是一件灰色衛衣，它的純棉材質讓服裝的手感與舒適度展現得更加完美，袖口與領口處的收緊設計，使衣服更加保暖。

垂直的闊腿褲讓穿著者有著寬鬆舒適感，沒有牛仔褲那種緊繃的感覺，使行走變得更加自如。

綠色的褲子採用金黃色的拉鏈，拉鏈鎖頭又以圓環裝飾，造成了裝飾性的作用。

服裝的配色方案：

二色搭配

三色搭配　　　　多色搭配

3.4 身材與服裝色彩的關係

　　服裝的穿著是否美觀，與人的體型有非常大的關係。但是體型給人的視覺感受，又和服裝的色彩有很大的關係。所以服裝的顏色對身材的展現也有很大的影響。

1. 身材與服裝色彩的搭配特點

　　冷色調的顏色在視覺上會給人一種收縮感，使人看起來變瘦。亮色調適合身材比較勻稱的人穿。暖色調適合身材瘦削的人穿，這樣可以顯得豐滿一點。身材瘦小的人更適合穿橫條紋的服飾，顯得豐滿。

　　使用明度對比的方式，給人一種視覺上的錯覺感，下身過胖的時候適合穿暗色調，上身穿明色調，這樣的設計使得上下照應，並且突出上裝，效果很不錯。

下裝的色彩和圖案比上裝更明顯時,則注重強調下裝,這樣可以給人以身高增加的錯覺。

2. 身材與服裝色彩的配色方案

◉　春秋季身材與服裝色彩的配色:使用中純度的顏色可以給人一種舒適的感覺。

◉　冬季身材與服裝色彩的配色:使用暗色調可以在冬天給人一種溫暖的感覺。

◉　夏季身材與服裝色彩的配色:使用亮色調、高明度的色彩給人一種清涼舒適的感覺。

3. 身材與服裝色彩搭配的常見搭配方式

　　使用深淺搭配給人一種視覺上的衝擊感，這樣的設計給人一種乾淨清爽的感覺，而且符合人們視覺上的輕重感。

　　上下衣使用相近的顏色，給人一種乾淨整潔的協調感，這樣的色彩搭配更能增加和諧親切的感覺，使得服飾搭配給人一種謙遜、寬容和成熟感。

4. 身材與服裝色彩的鞋色搭配技巧

　　如果腳過大，盡量選擇與服飾色彩相近的鞋襪，可以使腳顯得小一點，尤其色調的和諧程度也很重要，鞋可以選擇一些不引起人們注意的顏色。褲子和鞋的顏色盡量統一，這樣可使鞋子不會顯得特別突出，不會使腳特別顯大。

3.4.1　顏色搭配讓你輕鬆穿出好身材

顏色搭配有很多種，視覺上強烈的顏色搭配給人一種搶眼的感覺，補色搭配使得兩個相對的顏色搭配得非常舒適。

關鍵色：

色彩印象：

紅色搭配黑色會給人一種視覺上的衝擊力。

小技巧：

短小外套可以給人一種幹練俐落的感覺。

使用藍色和白色搭配給人一種清爽的感覺，顯得整個身體的比例很適中。

使用粉色的大衣遮蓋住比較胖的部位，更加吸引了人們的視覺注意力。

使用中純度的顏色緩和了裙子的褶皺給人的視覺衝擊感，並拉長了整個腿部的線條。

身材與服裝色彩的配色方案：

二色搭配　　　三色搭配　　　多色搭配

3.4.2　多種身材搭配的視覺亮點

　　日常生活中，絕對完美、毫無缺點的身材是不常見的，然而服飾的色彩卻可以修飾體型以求完美身材，因此，服裝配色可以作為彌補體型缺陷的重要手段和工具，巧妙運用顏色更能形成一種視覺差來表現體型的完美之處。

關鍵色：

色彩印象：

　　藍色、黑色和白色的搭配給人一種幹練的感覺，充滿了中性美。

小技巧：

　　襯衫可以搭配高腰褲，這樣的搭配使得腰線得到提高。

穿著藍色的格子上衣，會使消瘦的身材變得豐滿一些。

寬鬆的外套給人一種中性的灑脫美，黑色和藍色的搭配又使人們的視線上移，拉長了整個身體的線條。

使用紅色作為主色調給人一種視覺上的衝擊，並轉移了視覺注意力，寬鬆的外套又可以遮擋身材不完美的地方。

身材與服裝色彩的配色方案：

二色搭配　　　三色搭配　　　多色搭配

3.5 用途與服裝色彩的關係

　　衣服的用途有很多,如職業的、運動的、休閒的等,隨著人們生活水準的不斷提高,人們需要更多的服裝類型來展示自己的形象,同時,顏色也會對不同類型的服裝有一定的影響。

1. 用途與服裝色彩的搭配特點

　　深顏色的服裝一般都給人一種莊嚴、肅穆、幹練的視覺感受,這樣的顏色通常使用在職業裝和冬季服裝上。

　　淺顏色的服裝通常會給人一種清涼舒適、眼前一亮的感覺。

顏色鮮豔的服裝可以作為日常裝扮或者在宴會、約會的場合穿著。這樣的服裝配色更能吸引別人的注意力。

2. 用途與服裝色彩的配色方案

⊙ 職業裝的配色：深色的顏色搭配給人一種幹練的感覺。

⊙ 休閒裝的配色：中純度的顏色給人一種舒適的感覺。

⊙ 宴會裝的配色：豔麗的顏色使人眼前一亮。

3. 用途與服裝色彩的常見搭配方式

　　休閒服飾一般搭配中純度的顏色，這樣會使得服飾看起來更加的休閒，給人一種舒適的感覺。現在休閒的服飾更多地在人們的生活中出現，所以多以深顏色作為主色調，這樣可以給人一種乾淨清爽的感覺。

　　運動裝使用亮色調作為服飾的主色調，這樣的顏色搭配使整個服飾給人一種亢奮的感覺，體現了運動帶給人的活力。

4. 用途與服裝色彩的黑色服飾設計技巧

　　無論是在什麼場合，黑色無疑都是百搭的顏色，可以透過對黑色進行別樣的設計使其變得別緻，更具誘惑力。

　　黑色搭配蕾絲會顯得優雅性感，使得服飾顯得更加的有魅力，適合晚禮服類型的服裝設計。

　　黑色製造出的層次感會給人一種炫酷的感覺，適合休閒或者個性的服裝設計。

3.5.1 顏色點亮各種用途的服飾

　　各種各樣的服飾都有最適合它的顏色搭配方案。顏色本身就反映出一種情緒，和服飾的風格相結合，可以使得服飾的風格展現得更加全面。

關鍵色：

色彩印象：

　　使用豐富的顏色會給人一種絢麗、華美的感覺。

小技巧：

　　短款的連身裙搭配豐富的顏色給人一種優雅精湛的感覺。

職業裝中藏藍色越來越受到人們的喜愛，它不像黑色那麼莊重嚴肅，給人一種不一樣的視覺感受。

中純度的顏色搭配粉色的鞋，使整個服飾搭配充滿少女氣息，休閒感也得到了提升。

酒紅色最能表現出女性的獨特韻味，使用蕾絲又會給人一種神祕的感覺。

用途與服裝色彩的配色方案：

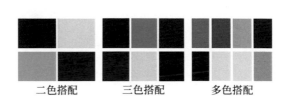

二色搭配　　　　三色搭配　　　　多色搭配

3.5.2　亮色調在不同用途服裝中的作用

亮色調很受人們的歡迎,亮色調的顏色可以使平淡無奇的服飾色彩變得豐富,使服飾的顏色搭配更具視覺欣賞力。

關鍵色:

色彩印象:

粉色給人一種柔美的感覺,使女人味更加濃厚。

小技巧:

在短裙上添加褶皺,使整個衣服給人一種層次感。

職業裝使用暗色調是最正常不過的,這樣的設計給人一種幹練沉穩的感覺,如果上衣使用亮色調會為幹練的氣質增添一絲柔美。

休閒感的服飾使用亮色調的顏色搭配,給人一種乾淨、俐落、精神的感覺。

夏天使用亮色調的顏色搭配,給人一種清新亮麗的感覺。

用途與服裝色彩的配色方案:

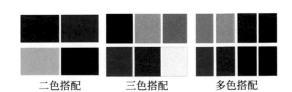

二色搭配　　　　三色搭配　　　　多色搭配

3.5.3　暗色調在不同用途服裝中的作用

　　暗色調的服裝受到很多人的喜歡，因為這樣的服飾耐髒，搭配好的話可以使得服飾顯得特別精緻。

關鍵色：

色彩印象：

　　藍色和黑色的搭配給人一種神祕又深邃的視覺感受。

小技巧：

　　高領的上衣搭配高腰褲使得整個身體的線條被拉長，使整個人顯得更加高挑。

　　冬天米色的毛衣給人一種柔軟的舒適感，黑色給人一種厚實的感覺。

　　黑色通常給人一種嚴肅的視覺效果，使用層次感和花邊的褶皺能給人一種柔美感。

　　黑色的西裝外套褲子搭配紅色的小花，使得整個服飾搭配給人一種精緻的感覺。

用途與服裝色彩的配色方案：

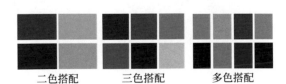

二色搭配　　　三色搭配　　　多色搭配

3.6　髮色與服裝色彩的關係

染髮已經成為一種時尚，不同的髮色，為人們打造出不同的感覺。當不知如何搭配服飾的顏色時，可以先看看自己的髮色適合什麼樣子的服飾，這樣可以使得服飾的顏色搭配更加簡單。

1. 髮色與服裝色彩的搭配特點

亮色調的髮色應該搭配一些亮色調的服飾，或者搭配髮色相近的服飾，這樣可以使髮色和服飾顏色過渡得較為柔和，搭配起來相得益彰。

暗色調的髮色應該搭配一些形成對比色的服飾，或者搭配與髮色相近的服飾，這樣的搭配都會使髮色更容易吸引人的注意力，給人一種幹練美。

多色組合的髮色適合搭配純色的服飾，會使整個高調的髮色顯得舒緩一些，不會顯得特別花哨。

2. 髮色與服裝色彩的配色方案

- ⊙ 黑色髮色與服裝色彩的配色：沉穩的深灰色系給人一種典雅的感覺，藍色和酒紅色都會給人一種自然、端莊的美。

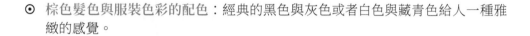

- ⊙ 棕色髮色與服裝色彩的配色：經典的黑色與灰色或者白色與藏青色給人一種雅緻的感覺。

- ⊙ 淺棕色髮色與服裝色彩的配色：清新的淺色調搭配給人一種清爽明快的感覺。

3. 髮色與服裝色彩的常見搭配方式

　　黃色是非常流行的顏色，這樣的髮色給人一種時尚高貴感，可以使皮膚顯得更加白皙，搭配深色和淺色的衣服都能展現出髮色的獨特之處。但需要注意，膚色偏黑的人不是特別適合黃色的髮色。

奶奶灰的顏色有很多種，這樣的顏色給人一種獨特的個性感，適合搭配純度較高的服飾，在視覺上給人一種輕重感。

4. 髮色與服裝色彩的服裝搭配技巧

更統一的服裝色彩（例如白色）搭配黑色髮色，顯得更清爽、幹練；更柔和的色彩（如低純度的色彩搭配）搭配棕色髮色，顯得更迷人、柔美；更刺激的服裝色彩（如黃色）搭配棕色髮色，顯得更活潑、青春。

3.6.1 髮色與各種季節服飾的搭配

隨著季節的變化，人們對顏色的喜愛也會發生變化，因為人們對外界的感知，跟眼睛所感受到的是有直接關係的。所以隨著季節的變化，愛美人士的髮色也會跟著改變。

關鍵色：

色彩印象：

棕色髮色搭配黑色西裝給人一種女性的柔美感。

小技巧：

當我們穿著職業裝的時候可以搭配一些具有女性特色的顏色，來對西裝的幹練單調進行緩和處理。

黃中帶粉的彩色髮色，給人一種青春洋溢的視覺效果，搭配休閒服飾，使得整個人顯得更加的活潑。

金色的小波浪給人一種時尚的感覺，搭配淺色的服飾會給人一種清新亮麗的感覺。

冬天可以用深色的髮色與深色服飾搭配，這樣的服飾搭配給人一種溫暖厚重的感覺，當然這樣的搭配也不是絕對的，根據每個人不同的風格，我們應該適當地設計合適的搭配。

髮色與服裝色彩的配色方案：

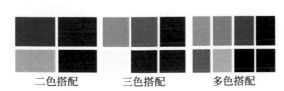

二色搭配　　　三色搭配　　　多色搭配

3.6.2　年齡、髮色與服飾的搭配

　　隨著年齡的增長，人們喜歡的搭配方式、顏色也會跟著改變。因為隨著年齡的變化，人們對顏色的理解也在變化，所以我們要搭配合適的髮色，給人一種舒適的感覺。

關鍵色：

色彩印象：

　　各種顏色的髮色搭配五顏六色的服飾，給人一種熱情四射的視覺效果。

小技巧：

　　年輕人可以選擇多種顏色或者多種顏色混合的髮色，給人一種青春激昂的感覺。

老年人可以使用比較深的顏色，使整個人顯得特別精神，年輕感十足。	深棕色的頭髮給人一種成熟的女性美，搭配中性感的服飾給人一種柔性美。	褐色的頭髮給人一種獨特的感受，搭配淑女感的服飾，給人一種幹練的女性美。

髮色與服裝色彩的配色方案：

二色搭配　　　　三色搭配　　　　多色搭配

3.6.3　不同類型的服飾與髮色的搭配

　　不同類型的服飾和髮色搭配可產生不同的效果。如職業裝搭配黑色或深棕色短髮，可凸顯職場女性幹練的一面。龐克風格的服飾搭配黃色短髮，能凸顯帥氣的一面。長款毛呢大衣搭配長髮，可凸顯女性的柔美。

關鍵色：

色彩印象：

　　金黃色的頭髮搭配粉色的風衣外套，華麗感被展現得淋漓盡致。

小技巧：

　　亮色調的髮色可以搭配鮮豔的服飾，這樣的搭配可以使人眼前一亮。

少女風格的服飾給人一種青春活潑的視覺感受，搭配褐色的頭髮更能展現青春活力。

中性服裝搭配酒紅色的頭髮，使女性的柔美和男性的陽剛融合得剛剛好。

深色的頭髮搭配職業裝給人一種簡單的感覺，展現出了女性的知性美和幹練美。

髮色與服裝色彩的配色方案：

二色搭配　　　三色搭配　　　多色搭配

3.7　妝容與服裝色彩的關係

衣著裝扮可以改變一個人的形象,其中服裝色彩是重點,而妝容則更能凸顯自我氣質。因此,怎樣使得穿衣打扮和妝容完美地結合在一起是很重要的。

1. 妝容與服裝色彩的搭配特點

淡雅的妝容有時候會因為穿衣的風格或者穿衣的類型給人一種清爽的感覺,例如,穿衣風格比較休閒或者淑女的時候就不太適合搭配濃妝豔抹的妝容,這樣會顯得不協調。

有時候會需要一些黑色系的妝容來對自己的五官輪廓進行修飾,這樣的妝容適合搭配一些酷感的服裝,同樣適合一些柔美的女性,有渲染和部分突出的立體效果。

　　誇張的彩妝主要體現在口紅的顏色或眼影的顏色上，這樣的妝容通常會給人一種視覺衝擊，從而留下深刻的印象，可以用在某些展示類的場合。

2. 妝容與服裝色彩的配色方案

- 華麗的妝容與服裝色彩的配色：使用多種多樣的顏色給人一種豔麗的感覺。

- 樸素的妝容與服裝色彩的配色：使用與皮膚、眉毛等相近的顏色，給人一種淡雅的感覺。

- 冷酷的妝容與服裝色彩的配色：使用黑色系搭配彩色系的顏色，給人一種個性十足的視覺效果。

3. 妝容與服裝色彩的常見搭配方式

　　淡妝是人們生活中常見的妝容，沒有特別明顯的顏色突出，可以根據自己的膚色，使用相近的化妝品顏色來進行合適的妝容設計。通常這樣的妝容適用於日常生活中的各個場合。

　　精緻的妝容，透過面部的粉底調色、眼影的各種畫法、口紅的顏色來展示個性的自我，精緻的妝容更適合宴會、約會、派對等場合。

4. 妝容與服裝色彩的提升氣色技巧

　　如今很多女性的膚色顯得比較蒼白，因此透過化妝技巧提升自己的氣質顯得非常重要。其中口紅是不錯的選擇。口紅的顏色種類有很多，紅色系的、橘色系的，還有一些個性十足的顏色，我們需要透過服飾搭配和各人唇色來挑選適合自己的口紅的顏色。

　　紅色系的口紅：紅色、粉色因純度的不同，顏色也會有所改變，這樣的顏色更受到女性的歡迎，因為這樣的顏色相對來說還是很百搭的，可以透過口紅來使自己的氣色變得紅潤。橘色口紅則能彰顯少女糖果般甜美的氣息。

3.7.1　深色服裝的妝容搭配

穿著深色的服裝，面部是需要化妝的，因為黑色的服飾會將很多的光彩都吸掉，如果臉上的妝容太淡，會給人一種沉悶的感覺。

關鍵色：

色彩印象：

帶有陰影感的妝容搭配粉色的唇色，藍色的連身裙，會使人眼前一亮。

小技巧：

藍色的連身裙使整個人顯得特別的精緻，搭配細緻的少女妝容，可以使整個人給人一種青春活潑的少女感。

黑色和灰色的服飾顏色搭配橘色的唇色，給人一種神祕個性的感覺。

深色的服飾與紅色的嘴唇和粉色的帽子搭配，使女人的韻味得到了很大的提升。

黑色的服飾搭配拉長的眼線，給人一種個性、帥氣、摩登的感覺。

妝容與服裝色彩的配色方案：

二色搭配　　　三色搭配　　　多色搭配

3.7.2　淺色服裝的妝容的搭配

　　淺色的服裝可以搭配裸妝或者煙燻妝，裸妝會顯得清爽、自然，煙燻妝則顯得個性、魅力。淺色的服裝如果搭配有顏色的彩妝，還可以增加整個視覺的立體感。

關鍵色：

色彩印象：

　　藍色的服飾搭配粉色的唇色，給人一種清爽的感覺。

小技巧：

　　淺淡的顏色搭配粉紅系的口紅，兩個顏色都是亮色調，是一種清新亮麗的裝扮。

淺粉色的上衣搭配有立體感的眼妝，使得整個人給人一種幹練的感覺。

休閒感的服飾搭配裸妝，給人一種休閒舒適的視覺效果。灰色的服飾與裸妝結合得恰到好處。

白色襯衫搭配碎花裙給人一種淑女感，使用紅潤的妝容，彰顯優雅小女人的氣質。

妝容與服裝色彩的配色方案：

二色搭配　　　三色搭配　　　多色搭配

3.7.3　穿衣風格決定的妝容樣式

　　穿衣風格的樣式有很多，淑女的、華麗的、個性的、中性的等，同樣，妝容也有很多種。我們需要根據不同的服裝風格來決定適合的妝容，這樣就不會使得整體搭配不協調了。

關鍵色：

色彩印象：

　　深色的服裝搭配紅色的唇色，使得整個人的焦點快速集中到了面部的嘴唇上，氣質得到了提升。

小技巧：

　　當我們穿著的衣服顏色很多的時候，建議妝容的顏色不要過多，否則會顯得很花哨。

休閒感的服飾搭配淺淡色的裝飾，給人一種輕鬆自在的感覺。

牛仔服的服飾風格搭配紅色的唇色和黑色的墨鏡，給人一種酷感。

風衣搭配帶有黑色系的妝容，使得五官顯得更加的立體。女性的韻味顯得更加的成熟。

　　妝容與服裝色彩的配色方案：

二色搭配　　　　三色搭配　　　　多色搭配

CHAPTER

04

服飾類型與配色

　　在生活中我們經歷著四季變化，陰晴冷暖，每天早上醒來的時候，都要考慮今天穿什麼衣服、化什麼妝、佩戴什麼首飾。合適的服飾搭配會給人愉悅的心情，也會讓人充滿自信，更利於一天的工作、學習和生活。

　　生活中我們需要根據不同的場合來選擇不同類型的服飾。服飾類型有很多，包括服裝類、絲巾圍巾類、帽飾類、腰帶類、珠寶首飾類、髮飾類、包類、鞋靴類等。

4.1 服裝類

　　服裝是指日常穿著中最主要的服裝類型，包括上衣、褲子、裙子等。它根據季節的不同，具有不同的表現形式，根據年齡的不同其款式也不同。而服裝搭配主要是在款式和顏色上要相互協調，讓整體達到得體、大方的效果。

1. 服裝的搭配特點

　　在進行服裝搭配時首先要掌握的就是對顏色的把控，全身上下盡量不要超過 3 種顏色。當然也要根據具體情況而定。另外，還可以使用相近的顏色，這樣的搭配給人一種乾淨整潔的形象。

　　如果喜歡穿花色或者圖案複雜的服飾，盡量搭配素色的其他服飾。若服裝上下都是圖案，則會顯得有些雜亂。

　　在不同場合應當穿著適合的服飾。如在職場中常使用黑白顏色搭配，簡單、幹練。生活中可以穿得更休閒、舒適、隨性。

職業裝

休閒裝

2. 服裝搭配的配色方案

⊙ 冬季服裝類配色：冬季因為天氣的原因人們都喜歡搭配大體上顏色比較深的衣服，因為較深的顏色有吸光的作用，給人一種溫暖的感覺。

⊙ 春秋服裝類配色：春秋季的服裝在薄厚程度上來講可以說是差不多的，可以選擇一些相對來說中純度色彩的衣服，這樣與季節給人的感覺相似，不會給人格格不入的感覺。

⊙ 夏季服裝類配色：夏季烈日炎炎，悶熱的天氣也會讓人們在選擇服裝的時候偏向清爽淡雅感覺的衣服，這樣的色彩給人的感覺是清涼舒適的。

3. 服裝搭配的常見方式

搭配中短款的上衣、高腰的褲子，這樣的搭配不但可以使人的整體比例得到提升，顯得人很修長，而且也會讓人覺得特別的乾淨整潔。需要搭配外套的時候可以選擇長外套，這樣使得內外均衡，更吸引別人的目光。

　　當不知道如何搭配衣服時，可以先給自己一個定位，例如，如果喜歡相對來說職業的服裝，在搭配時就可以選擇西裝外套、風衣等類型的衣服進行搭配；如果喜歡文藝風格的服裝，就選擇一些圓領襯衫、網格類型的衣服。確定好一個方向，這樣不僅有利於在自己的服裝搭配上別具一格，而且又符合自己的氣質。

4. 服裝搭配的遮蓋技巧

　　身材是每個女性永遠最在意的問題之一，每個人的體型、身高都不同，有的人覺得自己肚子、腿上的肉太多，這樣的身材穿什麼都不好看，那麼在這裡介紹一下小技巧，將身體上肉多的地方完美地遮蓋起來，讓你擁有好衣品。

　　穿長度到大腿最寬處的衣服，順便露出最細的地方，這樣看起來就會顯瘦，而且顯高。裙裝就是不錯的選擇，可以肆無忌憚地穿。

4.1.1　錯覺感服裝搭配打造瘦美人

利用服裝款式隱藏不夠完美的身材,是每個女性必須掌握的技巧,可以在視覺上達到減肥的效果。例如穿高腰裙和寬鬆的上衣都可以達到這樣的目的。

關鍵色:

色彩印象:

藍色是想像力和創造力的象徵,又給人一種沉穩端莊的感覺,藍色被廣泛應用在襯衫、褲子、針織衣等服飾中。

小技巧:

高腰褲或者高腰裙的優勢就在於它可以輕鬆地隱藏臀部贅肉、拉高腰線,遮住大腿上的贅肉,讓身材比例顯得更好。

利用上身的寬大效果達到一種視覺上收縮下身的作用,利用視覺上的錯覺,讓人感覺腿部更加修長。

高腰褲利用上衣和褲子的分界線的提高,使得身材的比例線向上移,這樣的搭配給人一種視覺上身體高挑的錯覺。

當我們想穿相對緊身的衣服時,也不必擔心贅肉,可以透過增加衣服上的褶皺形成視覺上的錯覺,來遮擋腰部的贅肉,給人一種纖瘦的感覺。

服裝的配色方案:

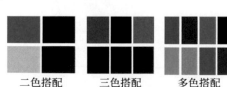

二色搭配　　　三色搭配　　　多色搭配

4.1.2　男裝細節上的吸引力

男士服裝在類型、款式、顏色等方面的可選擇性都比女性少得多。那麼如何在千篇一律的男性服飾搭配上展現自己的個性，穿出自己的品味呢？需要注意搭配的細節，提升整個衣品。

關鍵色：

色彩印象：

棕色可以體現出男士的儒雅，給人一種成熟穩重的感覺。

小技巧：

男士的服裝樣式相對女生來說較少，所以就要透過風格和合理的搭配給人留下深刻的印象，圖中使用棕色的風衣和棕色的裸靴，使得整個風格偏向復古的感覺，能夠提升整個人的氣質和韻味。

俐落的線條圖案式西裝外套外套容易勾勒出體型，另外選一個亮色調的褲子搭配，又不顯得浮誇，反而提升了整體的氣質。

純黑色的搭配顯得人特別修長，棕色的圍巾給人增添了幾分復古的韻味。

將上衣塞進褲子裡，露出精緻的腰帶，也是一種在細節上提升品味的方法，使得男士的身材比例顯得恰到好處，給人一種乾淨整潔的感覺。

服裝的配色方案：

二色搭配　　　三色搭配　　　多色搭配

4.2　絲巾圍巾類

　　絲巾和圍巾是非常有魔力的飾品類型。它不僅僅有點綴、保暖的作用，還會讓整套衣服散發出新的光彩。

1. 絲巾與圍巾的搭配特點

　　將圍巾繫在頸部，便多了幾分飄逸的動感，可以選擇和衣服同色的圍巾或絲巾，這樣的搭配給人一種優雅大方的印象，使用這種大面積鋪開式的繫法，使得整體十分流暢。

　　如果你的衣服色彩較黯淡，可以使用色彩對比強烈的絲巾。絲巾的搭配會使整體效果充滿活力與動感。但是在這樣的搭配下，色彩還是盡量越少越好，否則會顯得很雜亂。

　　絲巾的繫法要與下半身的搭配一致，裙裝可以使用小巧的繫法，褲子可以使用長長垂下來的繫法，當然這樣的繫法也是視情況而定的，有時候根據服飾的顏色和類型，可以適當地更改。但是要根據不同的穿著設計相應的繫法，會使得整個人的氣質和諧統一。

2. 絲巾與圍巾的配色方案

⊙ **絲巾類配色**：絲巾可以使用對比強度大的顏色來搭配，從而給人一種活潑的感覺。

⊙ **圍巾類配色**：圍巾使用中純度的顏色搭配，給人一種清新素雅的感覺，又不影響服飾的整體效果。

3. 絲巾、圍巾與服飾常見的搭配方式

絲巾大多用來裝飾頸部，我們可以使用小巧的繫法，也可以選擇將繫好的扣置於前後左右任意方向，並且每一個方向都會給人不同的感受，這樣的搭配使得整個人更加時尚。

圍巾大都比較寬大，一般我們都使用這種流蘇感的繫法，將大面積的圍巾置於胸前，使圍巾與衣服像一個整體，這樣的繫法使人的整體感覺很清新飄逸，不會給人一種厚重感。

4. 絲巾與圍巾搭配的繫法技巧

　　絲巾和圍巾因為屬於一種後期裝飾品，形狀又複雜多樣，可以透過自己喜歡的方式，使用不同的繫法以恰當的方式來搭配整體服飾，絲巾和圍巾的繫法有很多，現在簡單地向大家介紹幾種比較常用、好操作的方法。

4.2.1　讓時髦圍巾拯救衣品

　　圍巾除了可以造成調節整個服裝搭配色調的功能，不同的圍巾還能造成不同的作用，透過各種各樣的圍巾，可以展現衣著風格和服裝搭配想傳達給人們的視覺感受。

關鍵色：

色彩印象：

圍巾中使用的大都是中純度的顏色，明度和純度相對來說互相影響的作用不大，這樣的顏色搭配在一起時給人一種協調的感覺。

小技巧：

格子圖案的圍巾可謂是經典的樣式，無論是黑白格，還是彩色的格子，都蘊含著青春的氣息。

流蘇圍巾，給人一種飄逸、自由的感覺，用於裝飾時提升了整個服飾搭配的自由感。

純色圍巾更適合簡約休閒的風格，而且經典不過時，這樣純色的圍巾既可以作為點綴，又可以成為吸睛的所在。

撞色色彩搭配的圍巾給人一種靈動的感覺，這樣的圍巾在搭配素色的衣服時，可以提升整個衣服的色調感。

絲巾和圍巾的配色方案：

二色搭配　　三色搭配　　多色搭配

4.2.2　小絲巾讓你洋氣起來

　　怎樣使用絲巾來提升自己的衣品呢？下面講解如何用一個小絲巾來裝飾頸部，從而使得整體看起來更加時尚。

關鍵色：

色彩印象：

　　藍色和綠色都是清新亮麗的顏色，搭配夏天淺色無袖背心，給人一種清爽的感覺。

小技巧：

　　當身體顯得比較單薄時，可以透過將圍巾大面遮擋的方式，來對身體的整體性進行調整。

將這種小絲巾繫在側面，是一種相對來說比較復古的方式，這樣的繫法使得整個衣品充滿了神祕的韻味。

絲巾不僅可以用在頸部，還可以將其置於手腕、腳踝、腰部，這樣的裝飾為整個人的服裝搭配增添了個性。

使用這種側面的繫法，將系扣轉向看不見的一側，留有一個三角形在外，給人一種精緻的視覺感受，提升了整個服飾搭配的時尚感。

　　絲巾和圍巾的配色方案：

二色搭配　　　三色搭配　　　多色搭配

4.3　帽飾類

帽子既可以作為防晒用品，又可以作為服裝搭配的裝飾。不同的帽子會給人帶來不同的效果。

1. 帽飾的搭配特點

帽子作為裝飾品在搭配時與髮型有關，有的可以直接與頭髮融合在一起，有的則會因為帽子的樣式需要選擇相應的髮型，使得帽子變為裝飾的亮點。

帽子作為頭部的裝飾，在一定程度上造成修飾臉部線條的作用，不同的帽子可以對不同的臉型進行修飾，這樣搭配起來，互相襯托，達到完美的視覺效果。

有的時候需要根據帽子的材質在適應的季節進行合理的搭配。還可以根據服裝的風格來決定佩戴什麼樣子的帽子，以達到整個裝飾的和諧統一。

2. 帽飾的配色方案

⊙ 春秋帽飾類配色：使用中純度的顏色搭配，看起來非常協調，給人視覺上的
舒適感。

⊙ 夏季帽飾類配色：夏季可以使用清涼和鮮豔的顏色。

⊙ 冬季帽飾類配色：使用純度比較高的顏色，給人一種溫暖的感覺。

3. 帽飾與服飾搭配的常見方式

　　帽子的佩戴方式有很多，例如向
前扣，向後扣，改變帽檐的方向等，
這些小細節都會為整體搭配增添幾分
個性。

　　根據不同的髮型需要搭配不同的帽子，否則會顯得不協調，整體的感覺也不
好，合適的髮型可以更好地與帽子結合，透過帽飾來修飾面部與髮型。

4. 帽飾搭配之臉型與帽子完美搭配的技巧

- ⊙ 圓臉型：臉部沒有線條的立體感，可以佩戴鴨舌帽、棒球帽。這樣的搭配可以使臉形顯得更修長。
- ⊙ 方形型：方形的線條，有稜有角。搭配漁夫帽，可以透過漁夫帽柔軟的弧度達到柔化的效果。
- ⊙ 長臉型：臉型瘦長而雙頰細窄。搭配軍帽、漁夫帽，這樣的搭配在視覺上會造成縮短臉型的效果。

4.3.1　帽子提升服飾的整體風格

帽子的風格多樣，有可愛的、甜美的、俏皮的、帥氣的，可以透過帽子改變一個人的氣質。除此之外，對於沒有時間打理髮型又著急出門的女生，戴上一頂合適的帽子最合適不過了。

關鍵色：

色彩印象：

藏藍色的帽子搭配淺綠色風衣，給人一種復古的韻味，同時貝雷帽又體現了整個裝飾的線條美。

小技巧：

貝雷帽斜著戴的方式可以修飾臉部線條，又可以提升自身的氣質，廣泛受到女性的喜愛。

有的時候在佩戴棒球帽時喜歡將頭髮紮起，這樣也使得帽子與頭髮完美地融合在一起，使得整個人看起來更加青春有活力。

散著頭髮反戴帽子，使其給人一種瀟灑隨意的氣質，這樣的搭配也使得整個人看起來酷酷的。

充滿田園氣息的米色草編帽，給人一種文藝清新的感覺，這種小帽檐通常還可以柔化整個面部線條。

帽飾的配色方案：

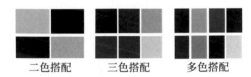

二色搭配　　　　三色搭配　　　　多色搭配

4.3.2　男士帽子時尚搭配示範

帽子可以作為一種時尚的裝飾品，也是一種裝扮炫酷造型的必備單品。帽子的佩戴不但可以展現乾淨俐落的感覺，還能秀出自己的品味。

關鍵色：

色彩印象：

深藍色不僅能展示一種紳士美，搭配鉚釘顯得酷勁十足，又使得整個帽子給人一種精緻的感覺。

小技巧：

男士的帽子大多都是純色或者兩色搭配的，這樣簡約的配色給人一種俐落乾淨的感覺。

大檐帽可以修飾臉部線條，同時可以調節頭部和身體的比例，這樣的帽子給人一種神祕感。

素雅的鴨舌帽展現出乾淨俐落的感覺。這樣的帽子廣受男士的喜愛，佩戴起來也展現出了酷感。

圓形的帽檐可以修飾方形的臉部線條，使整個臉部的側面輪廓看起來更加完美。

帽飾的配色方案：

二色搭配　　　三色搭配　　　多色搭配

4.4　腰帶類

　　腰帶按用途可以分兩種，一種用於裝飾，另一種用於實際用途。裝飾上可以用來束腰，收縮腰圍。有些衣服設計得比較寬大，需要搭配腰帶來束腰，從而展現一種玲瓏有致的曲線美；另外還可用於褲子，造成固定褲子鬆緊的作用。

1. 腰帶的搭配特點

　　一些衣服設計得比較寬大，冬天穿這樣的衣服，難免會覺得冷，這時候可以透過使用腰帶來鎖住溫暖，這樣還可以使整個身體擁有一種曲線美，只是鬆鬆地束在腰上便能展現出一種女性的柔美感。

簡約型的腰帶纖細、修長，給人一種高雅、時尚的感覺，搭配起來給人一種幹練俐落的氣質。與其他類型的服飾搭配，又有一種精緻的感覺。

腰帶的功能不只是固定褲腰，有的腰帶設計精美，修飾整體風格是它的主要作用。腰帶上通常有一些花紋或者其他材質的裝飾品，使得腰帶變成了服飾搭配中一道亮麗的風景。

2. 腰帶的配色方案

⊙ 休閒腰帶類配色：中純度的顏色搭配給人一種舒適的感覺，與休閒服飾搭配時給人一種放鬆的感覺。

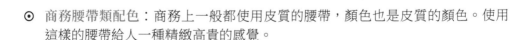

⊙ 商務腰帶類配色：商務上一般都使用皮質的腰帶，顏色也是皮質的顏色。使用這樣的腰帶給人一種精緻高貴的感覺。

⊙ 裝飾腰帶類配色：裝飾類的腰帶可以根據服飾的風格和顏色，搭配一些引人注目的顏色。

3. 腰帶搭配的常見方式

　　使用簡單常規的繫法，將
腰帶繫在腰上、衣服上，給人
一種整潔的感覺，使得服飾的
搭配更精緻、幹練、俐落。

　　腰帶也有很多種繫法，不同的繫法可以展示不同的感覺。搭配素色的衣服時，
別具一格的繫法可以使得腰帶變為點睛之筆，使得整個搭配獨具風格。

4. 腰帶的身型搭配技巧

　　軀幹長的人，可以選擇搭配闊邊的腰帶來強調腰部，如果是細腰帶最好搭配兩
條，這樣可以在一定程度上更改身體比例，調節身體的線條。
　　臀圍寬的人盡量選擇一些寬度適中的腰帶，樣式要盡量簡單，不要選擇一些新
潮古怪的款式。

4.4.1　腰帶與裙裝的完美搭配

在腰帶的點綴下，可以呈現完美腰身的效果，突出曲線美。一般中長款的衣服都需要搭配腰帶，以調整身體比例，從而拉長腿部的線條。

關鍵色：

色彩印象：

棕色是皮質的顏色，顏色很正，給人一種高貴的感覺。

小技巧：

腰肢過細的人可以選擇搭配寬腰帶，來襯托和裝飾腰部線條，類似這種三根細腰帶呈一體的設計，使得整個服飾搭配獨具個性。

腰帶的顏色可以根據鞋或者其他服飾搭配的顏色確定，或者保持一致，這樣搭配起來會使得腰帶更能襯托服飾的風格。

裙裝可以搭配細腰帶，不僅可以展現服裝的品質，還可以營造出一種淑女特質。

絲綢布料的連身裙，可以搭配繩質的腰帶，使用自有的繫法，使整個人有了高貴的氣質。

腰帶的配色方案：

二色搭配　　二色搭配　　三色搭配

4.4.2 腰帶打造男士氣質

穿著講究的男人，總會在不同場合選擇不同的衣著、不同的腰帶。腰帶在一定程度上可以成為展現品味的裝飾，在這些細節上彰顯男士魅力。

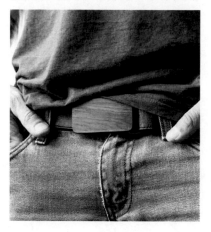

關鍵色：

色彩印象：

黑色的腰帶給人一種低調奢華的感覺，木紋的腰帶扣賦予整個腰帶一種別樣的韻味。

小技巧：

盡量不要選擇過於花哨的腰帶扣，否則會顯得人特別輕浮。

顏色和花色要和皮鞋盡量保持一致，一般以黑色和棕色為主，可以從本質上提高整個服飾的氣質。

紋路的設計可以使腰帶顯得更加簡潔、大氣，使得服飾搭配給人一種精緻、細膩的感覺。

選擇黑色腰帶是最保險的，黑色的腰帶往往給人一種內斂的感覺，無論搭配什麼樣的服飾都不會有錯。

腰帶的配色方案：

二色搭配　　　二色搭配　　　三色搭配

4.5　珠寶首飾類

　　珠寶首飾的搭配可以使一個人變得與眾不同，或美麗，或高貴，或優雅，或可愛。大多數女性都愛佩戴一些珠寶首飾，不同年齡層的女人都應該選擇屬於自己風格的珠寶首飾。

1. 珠寶首飾的搭配特點

　　一種前衛、浪漫感覺的珠寶首飾，可以展示出主人的活潑氣質，用浪漫的造型可以體現出線條的柔美。

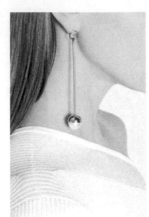

　　優雅型的珠寶首飾更加適合穩重的女性，這樣的珠寶首飾可以彰顯出典雅、華貴的氣質。自然型的珠寶又可以使得女人更加有女人味。

　　年齡稍大一些的人適合古典型的珠寶首飾，不會顯得耀眼，反而會給人一種氣質高雅的感覺。

2. 珠寶首飾的配色方案

- ⊙ 華美類珠寶首飾配色：天然的材質，高純度的顏色，給人一種濃厚感，就像華美類珠寶首飾給人的獨特韻味。

- ⊙ 樸素類珠寶首飾配色：使用中純度的顏色，給人一種淡雅的感覺。

⊙ 裝飾類珠寶首飾配色：因為是裝飾類的珠寶首飾，顏色可以鮮豔一點，可造成調節色調的作用。

3. 珠寶首飾的常見方式

可以根據不同的膚色選擇適合自己的配飾顏色，綠色使搭配看上去更加成熟，使皮膚顯得更加白皙，但盡量不要選擇和自己膚色相近的顏色，否則會使皮膚看起來黯淡無光。

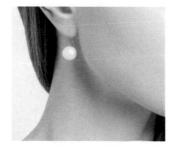

藍色的珠寶首飾給人一種清爽、柔美、優雅的印象，這樣的珠寶可以將皮膚的白皙盡情地展示出來。

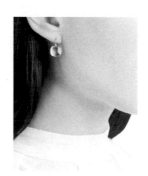

4. 珠寶首飾與臉型完美搭配技巧

⊙ 方臉型：這樣的臉型通常給人一種嚴肅的感覺，搭配水滴形狀的首飾，會提升臉部的曲線線條，適當地轉移部分的視覺注意。

⊙ 長臉型：這樣的臉型適合佩戴圓形的耳環，或者寬度比較大的耳飾，從而造成拉長臉部寬度的作用。

⊙ 圓臉型：這樣的臉型缺乏一種輪廓美，可以搭配流線型的耳飾，還可以佩戴 V 字型的項鏈，造成拉長臉形的效果。

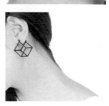
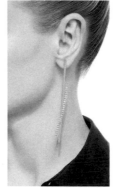

4.5.1　這樣的首飾搭配讓你更年輕

首飾是每個女人都不會拒絕的物品，一款精緻、獨特的首飾會令你在人群中更亮眼。合理佩戴首飾可讓你顯得更年輕，更具氣質。

關鍵色：

色彩印象：

綠色可以顯得皮膚白皙，紫色的配飾會讓人顯得更加高貴。

小技巧：

顏色的搭配最易引起視覺衝擊，所以需要選擇合適的顏色，達到減齡的效果。

首飾的款式決定了整體佩戴的主要基調。不要選過於複雜和笨重的款式，簡單的款式可以使人顯得輕盈活潑，更顯年輕。

可以選擇一些造型別緻的首飾樣式，這樣的樣式可以幫助提升整個搭配的時尚感。

珠寶首飾本身精緻的做工，也有很大的加分作用，相反做工不精細，光澤不透澈，或者掉色，都會給人一種不精緻的感覺。

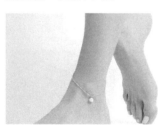

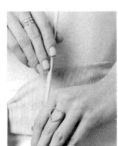

珠寶首飾的配色方案：

二色搭配　　　三色搭配　　　多色搭配

4.5.2 季節更替的珠寶首飾搭配技巧

隨著春、夏、秋、冬的更替，珠寶首飾的選擇也會隨著變化。例如夏季可以佩戴複雜的多色飾品（如寶石、碧璽），會顯得更活潑、青春。冬季適合佩戴低純度的偏暖色的首飾（如珍珠），顯得更穩重、舒適。

關鍵色：

色彩印象：

明亮的顏色給人一種明媚鮮活的印象，使得裝飾如同春天般溫暖。

小技巧：

春天使用清澈且明淨色澤的配飾，更能顯示出女性的柔美。

色彩簡單、柔和，給人一種涼爽、柔美的印象，使皮膚顯得更出色動人。

色彩濃郁、華麗，如同秋季自然景色般豐富的美感，使得配飾的搭配富有成熟的韻味。

綠色的首飾是一種純正、鮮明的裝飾，這樣配色的首飾才能與冬匹配，才能彰顯出冬的氣質。

珠寶首飾的配色方案：

二色搭配　　　三色搭配　　　多色搭配

4.6　髮飾類

愛美的人除了對服裝搭配有很高的要求，還對髮型、髮飾有自己的要求，根據不同的服飾、不同的場合，需要變換髮型、髮飾來進行搭配。我們需要使用不同的髮飾來進行裝飾，從而使得髮型更加引人注目。

1. 髮飾的搭配特點

使用簡單的髮飾給人一種舒適的感覺，這樣的髮飾佩戴起來自然、隨性，又不失時尚感，能完美地展示女性的柔美。

華貴的髮飾更能凸顯女性的尊貴氣息，這樣的髮型通常設計得很精緻，也是一種凸顯整體風格的點睛之物。

不同年齡的人其配飾也不一樣，年輕的人可以搭配一些鮮豔、造型獨特的髮飾，顯得人青春亮麗。年紀大的人可以選擇一些看起來莊重的髮飾，更能凸顯出人的沉穩。

2. 髮飾的配色方案

⊙ 華美類髮飾配色：頁面中使用紫色、紅色搭配金銀材質，使得裝飾看起來高貴有氣質。

⊙ 樸素類髮飾配色：使用簡單的顏色搭配，或者同色系、
中純度的顏色，使人覺得和諧。

⊙ 裝飾類髮飾配色：可以使用比較鮮豔的顏色，使得顏色
豐富，有吸引力。

3. 髮飾的常見方式

簡單的髮飾不但可以造成裝飾作用，還不會顯得特別突出，髮飾與髮型更好地融合，可以給人一種低調的美感。髮飾可以造成固定髮型的作用，使得頭髮乾淨俐落。

一些造型別緻的髮飾，更能引起別人的注意，因為獨特的造型可以修飾一些頭部的線條，提高人的整體氣質。

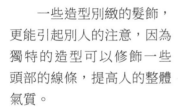

4. 髮飾打造淑女髮型的技巧

⊙ 水鑽與波浪長髮：滿足奢華感的同時又使得頭髮被固定完好，使得臉部的輪廓一覽無餘，使得整個頭部裝飾顯得更加精緻完美。

⊙ 半扎馬尾和髮夾：半扎的馬尾使整個頭髮的線條更加完美，搭配簡單的髮型，使整個裝飾顯得更加樸素。

4.6.1　髮飾打造吸精髮型

　　髮飾不僅造成裝飾頭髮的作用，還在一定程度上改變頭髮造型，透過使用不同類型的髮飾（如髮夾、髮帶），可以修飾整體的髮型，使得髮飾與髮型搭配得和諧完美。

關鍵色：

色彩印象：

　　細小精緻的金屬花朵，搭配紅色的花蕊使得整個髮型更加精緻。

小技巧：

　　細小精緻的花朵使得裝飾更顯矜持，最重要的是這樣的髮飾比較簡單，不用考慮如何設計髮型。

這是一個造型獨特的髮飾，高挑的造型拉長了整個頭部線條，有一定的修飾作用。	一個特別的髮箍，不僅使頭髮保持光滑整齊的狀態，而且使頭部裝飾看起來更加的簡單。	金屬髮飾已經流行了好久，這種材質的髮飾可適用於任何場合。

髮飾的配色方案：

二色搭配　　　　三色搭配　　　　多色搭配

4.6.2 不同風格髮飾的搭配

髮飾種類繁多，裝飾的風格也多種多樣，所以要針對不同的風格搭配不同的髮飾，選擇適合自己的，使得風格更加突出。

關鍵色：

色彩印象：

紅色、黃色、藍色、綠色這幾種顏色使得髮飾看起來璀璨奪目。

小技巧：

頭飾上搭配比較厚重的髮飾，使得整個髮型更改了視覺平衡，產生了一種對比的效果。

在一側綻放開的同一色系的花朵，這樣的髮飾會給人一種俏皮的感覺。

豹紋的髮箍給人一種華貴感，顯示出一種成熟的風格。

閃閃發光的水鑽使得髮飾更加的光彩奪目，小小的造型給人一種精緻甜美的小公主的風格。

髮飾的配色方案：

二色搭配　　　三色搭配　　　多色搭配

4.7　包類

在考慮好服飾的搭配以後，就要選擇合適的包包，如果選錯了包包就會讓整體風格變得很失品味，所以要根據包包的顏色、款式和風格來選擇。

1. 包的搭配特點

包包的背法有很多種，需要根據不同的服飾和不同的風格選擇不同的背法，例如當我們的衣服過於繁瑣時不能選擇雙肩背包，這會影響衣服的整體效果。

包包的形狀也有很多，可以根據自己的出行習慣、物品種類，還有場合來選擇適合自己的形狀。

根據服飾的風格和顏色選擇相應的包包的顏色，可以選擇對比強烈的顏色突出包包，又可以選擇和服飾中的其中一種顏色相同的顏色使得整體顏色統一。

2. 包的配色方案

- ◉ **雙肩包的配色**：使用較深的顏色或者鮮豔的顏色都可以使得整個包包更加的奪目。

- ◉ **單肩包的配色**：顏色搭配可以盡量鮮豔，從而對整個服飾的配色進行調節。

- ◉ **手拿包的配色**：選擇同色系的配色使顏色更和諧，給人一種精緻的感覺。

3. 包的常見搭配方式

　　身材嬌小的女生不建議背體積較大的包包，這樣會把整個人遮起來，應該選擇一些中小型的包，這樣更適合整個身體的線條。

　　當我們購買包的時候，不知道到底購買哪種顏色的包才能更好地搭配自己的衣服風格，這時可以選擇黑色系和棕色系的包包，這兩種顏色無疑是最百搭的顏色。

4. 包和服飾的顏色搭配技巧

- ⊙　黑色包包：高貴、優雅的黑色包包可與任何顏色搭配。
- ⊙　灰色包包：成熟的中性色可以搭配白色、灰色的衣服。
- ⊙　粉色包包：可以搭配白色、黑色、粉色的衣服。

4.7.1　包包打造出明星範

　　包包作為服飾裝飾，可以利用其形狀、顏色、配飾來裝飾我們的服飾，從而將整個人打造出一種獨特的氣質。

關鍵色：

色彩印象：

　　使用黑色作為底色，使得整個包包變得更精緻，再添加藍色、米色和紅色，將整個包包顯得很獨特。

小技巧：

　　色彩斑斕的包搭配素色的衣服使得整個人更加的有氣質。

使用流蘇增加了一種柔美的氣質，無論是在什麼樣的場合都是尚佳的選擇。

包的獨特造型，還有包帶使用固定的金屬，使包看上去很特別，給人一種不同尋常的感覺。

這種富有立體感的包，還是以黑色為主，無論是街頭還是都市，背上這樣的包都會使搭配看起來恰到好處。

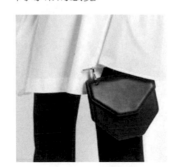

包的配色方案：

二色搭配　　　三色搭配　　　多色搭配

4.7.2   讓包帶你走進時尚圈

　　我們總是會隨季節的變幻而更換自己的包，但是包的新舊真的會影響時尚感嗎？我們要講究包的實用性，將包進行合理的搭配，使得無論何時買的包都能給人一種時尚感，下面介紹包的合理搭配技巧。

關鍵色：

色彩印象：

　　紅色、黃色、藍色、綠色這幾種顏色可使包包變得璀璨奪目。

小技巧：

　　當服裝為暗沉的顏色時，搭配出挑顏色的小型包是再適合不過的了。豔麗的顏色能夠很好地打破服裝帶來的沉重感，較小的體積更不會產生「雜亂」的感覺。

手拿包可以彰顯包包的精緻和內斂，無論搭配什麼衣服都對整體沒有影響，是百搭的包包。

獨特的鏈條式包帶可以使包包顯得更加精緻。

改變搭配衣服的顏色，可以選擇一些對比度高的顏色，使包包變得更加突出，吸引人的注意力。

包的配色方案：

二色搭配　　　　三色搭配　　　　多色搭配

4.8　鞋靴類

鞋子是我們日常生活的必需品，現在的人都很講究鞋子與服裝的搭配，從而打造個人更加完美的形象。

1. 鞋靴的搭配特點

鞋靴的顏色搭配與否，主要取決於色彩的選擇，鞋的顏色不僅要有自己特有的個性，又不能與服飾太過衝突，利用鞋靴和服飾顏色的和諧搭配，可以更加突出服飾的風格。

根據自己的服飾特點搭配合適的鞋靴，不同風格的衣服應該搭配不同類型的鞋，休閒裝應該搭配休閒鞋，職業裝應該搭配精緻的短靴，使得整個風格更加鮮明。

根據季節的變化選擇合適的鞋靴，根據不同的季節我們的靴子顏色也會隨之改變，要在合適的季節選擇合適的顏色，使得鞋靴與季節更加和諧。

2. 鞋靴的配色方案

⊙ 春秋季鞋靴搭配的配色：使用中純度的顏色使得鞋靴更加的低調，不會喧賓奪主。

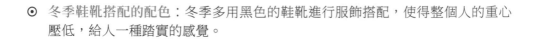

⊙ 冬季鞋靴搭配的配色：冬季多用黑色的鞋靴進行服飾搭配，使得整個人的重心壓低，給人一種踏實的感覺。

⊙ 夏季鞋靴搭配的配色：夏季的顏色可以盡量鮮豔一點，因為夏季炎熱，鞋子的覆蓋面比較少，所以可以使用鮮豔的顏色來裝點，不會影響整體的協調感。

3. 鞋靴的常見方式

　　高跟鞋是一種鞋跟高於普通鞋的鞋，這樣的鞋更能顯出整個腿部線條的修長，高跟鞋增加了高度，使得整個人更具魅力，也使走路姿勢更加富有風韻。

　　平底鞋不僅款式優雅舒適，而且有著淑女般的溫婉。這樣的鞋能顯示出親切友好的特性，又能增加硬朗和率性的氣質。

4. 鞋靴與衣服搭配的技巧

- ⊙　短靴：短靴相對來說是比較百搭的，短靴可以搭配長褲、短裙、長裙，使整個人顯得更加時尚、精緻。
- ⊙　長靴：長靴包住了大部分的腿，應該搭配一些短裙、緊身褲子，這樣可使靴子和褲子形成完美的曲線。

4.8.1　靴子打造型男範

　　鞋靴是穿著中不可或缺的單品，我們需要根據不同的服飾風格搭配相應的鞋靴，更能凸顯出服飾的風格，彰顯個人氣質。我們可以合理地進行搭配，打造酷帥的型男範。

關鍵色：

色彩印象：

　　棕色是一種皮質的顏色，使得整個鞋靴顯得質感有佳。

小技巧：

　　皮質的鞋靴搭配正裝更能襯托出與眾不同的氣質。

馬丁靴是男士鞋靴中最受歡迎的，不管顏色還是設計的長短上，都有一種獨有的個性感。

翻毛皮的靴子是一種珍貴的材料製成的，這樣的材質給人一種復古的感覺。

這種休閒感的鞋子搭配牛仔褲，使整個腿部線條修長，而且整體氣質非凡。

鞋靴的配色方案：

二色搭配　　　　三色搭配　　　　多色搭配

4.8.2　短靴的迷人魅力

　　短靴是絕對具有迷人的魅力的，短靴的設計表現出鮮明的個性，透過合適的舒適度，保持優美步調姿態的同時，也為日常搭配提供了更多的可能。

關鍵色：

色彩印象：

　　這種近膚色的顏色顯得皮膚白皙，這樣的顏色富有個性，搭配起來也更加隨意。

小技巧：

　　夏天的時候選擇這種顏色的裸靴，可以使整個人顯得清涼舒適。

短靴和褲子的搭配能夠襯托出完美的腿部線條，使雙腿被極好地修飾，更能彰顯個性。

厚底鞋與短外套的結合，使得整個人的身體顯得更加高挑。

高跟短靴搭配短裙使得整個人更加的柔美，腿部線條被完美地展現出來。

鞋靴的配色方案：

二色搭配　　　三色搭配　　　多色搭配

　　服裝材料是用來製作服裝布料的，以不同材料的質感來詮釋出服裝的風格和特徵，因此服裝布料的選擇對服裝設計極為重要。隨著服裝業的不斷進步，服裝設計中布料應用類型越來越多樣化，從每年服裝發布會可看出越來越多的設計師大膽嘗試不同的材料，如植物、生活用品等，都是對未來材料的大膽嘗試。

　　服裝布料可分為棉織材料、毛織材料、絲織材料、麻織材料、皮革材料、裘皮材料、纖維材料和毛呢材料等。

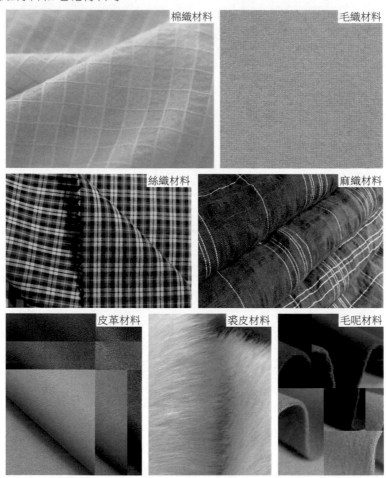

5.1　棉織材料

棉布布料是用棉花原料紡織而成的布料，具有許多布料無法比擬的優良特性，

手感柔軟、舒適，靜電也較少，而且還具有良好的吸溼性和排溼性，應用也較為廣泛；棉布布料的服裝穿著起來更加柔和貼身，還有很好的透氣性，很受廣大消費者的喜愛。棉織材料從織造上可分為：平紋織物、斜紋織物、提花布、緞紋布等。

1. 棉織材料的特點

下面是一款純棉斜紋布風衣，它的優點是能夠輕鬆造成保暖的作用。棉布材料柔和貼身、吸溼性和透氣性俱佳，穿著起來非常舒適。

一件長款寬鬆的風衣不僅能夠遮住多餘的贅肉，還能夠立即凸顯個人氣質，如果不喜歡胖胖的感覺，可以利用衣服上的長腰帶將腰部束縛起來，更能凸顯出凹凸有致的身材。

下面是一款鉤編拼接純棉迷你連身裙，輕盈的純棉質地能夠讓穿著者清涼一整個夏天，鉤編圍嘴式前胸設計，既唯美又具趣味性，輕鬆地流露出清新的韻味。

午夜藍的迷你連身裙很適合皮膚白嫩的女孩，清爽中又透露著秀麗感，若是再搭配一雙白色的球鞋，更能夠裝扮出青春活力的氣息。

2. 棉織材料服裝配色方案

◉ 提花棉織服裝配色：提花棉織服裝集現代感和藝術感於一身，再進行精細地配色，呈現出誘人且獨具魅力的服飾。

◉ 平紋布服裝配色：平紋布稱為細布，具有輕薄的質感，設計也頗具自然淳樸的感覺。

◉ 錦緞服裝配色：錦緞是緞紋棉的一種，其手感綿軟、質地厚實、穿著舒適，具有這種材質的服裝其色彩也十分美觀。

3. 棉織服裝最常見搭配方式

　　這是一件集米色、乳白色和黑色條紋於一身的斗篷上衣，很適合游泳後穿著，柔軟的棉織保暖又舒適，平時還可以當休閒裝穿著。

　　這是一件米色藍條紋的連身褲，採用觸感柔軟的棉布材料製作而成，衣服正面繫結式挖剪設計，不僅能夠打造出腰部修身的線條，而且還能根據自己的喜好改變服裝的款式，從而展現出清涼舒適的效果。

4. 服裝搭配技巧

　　塑身的肉色圓領短袖上衣將身材包裹得緊實又有型，再將短袖下擺掖入 A 字裙內，將裙子提到腰部，將身材拉的修長，再配上中等高度的細高跟鞋，輕鬆地裝扮出了迷人的小女人氣息。

　　白色純棉的七分短袖上衣，清新、淡雅，能夠為穿著者呈現出純淨的感覺；經典的黑色、白色、紅色搭配，為純淨的白色增添了一分靈動妖嬈的感覺。

5.1.1　甜美優雅的服裝設計

在選擇服裝時，大家多會選擇棉料材質的服裝，該材質的服裝溫和不傷皮膚，穿著起來也較為舒適，還能夠給人呈現出一種親和力。

關鍵色：

色彩印象：

　　淺淺的粉色裙裝搭配淡雅的黃色花邊，讓穿著者顯得十分嬌嫩，又俏皮可愛。

小技巧：

1. 無袖的粉色裙子，高腰設計，讓穿著者的下半身比例得以拉長，十分美麗動人。
2. 金黃色粗跟高跟鞋恰好與裙裝構成完美的和諧感，再配上小巧的單肩包，使得整體裝扮變得極為精緻、俏麗。

這是一條以粉色為延伸的 A 字形短裙，紫色、橘色分別都以粉色為底色所展開形成，將裙子的色彩形成一個漸變，溫婉又端莊。

粉紅色是最能展現甜美的色彩，再配上精細的鏤空剪裁，讓一件普通的衣服瞬間變得精美動人。

這是一條粉色修身連身裙，這類服裝雖然能夠將優美的身材呈現出來，但更容易讓穿著者出汗，因此選用吸溼性好的棉布布料設計，使穿著起來更加舒適。

服裝的配色方案：

二色搭配

三色搭配

多色搭配

5.1.2　文藝清爽的服裝設計

　　在炎熱的夏季，一身簡單的裝扮就能夠打造出淡雅、文藝、清新的氣質，這種風格很受女生的喜愛，而最能展現清新的色彩就是淡淡的藍色，下面一起來欣賞。

關鍵色：

色彩印象：

　　清透的淺藍色是夏季服裝的主色調，藍色搭配白色不僅耐看，還能讓整個季節變得清爽無比。

小技巧：

　　白底藍花的蝙蝠襯衫，搭配蝴蝶結繫腰的藍色迷你短裙，給人帶來一種寧靜優雅的氣質，再配上一雙黑色高跟涼鞋，將雙腿顯得修長，讓整體顯得極為俏皮可愛。

這是一件富有民族氣息的服裝，以清冷的藍色作為服裝的主色，非常純淨，再在胸前裝飾紅色復古花紋，不僅增強了色彩的視覺性，更讓服裝透露出民族氣息。

這款服裝採用 H 型板型設計，一字領的設計巧妙地露出白皙的頸部與性感的鎖骨，繫帶袖口又展現出幾分小女人氣息，這樣獨特的裁剪設計使服裝顯得既性感又透著活力的氣息。

藍白條紋襯衫裙是現今的潮流服飾，裙裝腰部採用蝴蝶結裝飾，再採用寬鬆的裙襬，瞬間提升了小女人的味道。

服裝的配色方案：

二色搭配　　　　三色搭配　　　　多色搭配

5.2　毛織材料

　　毛織材料是採用羊毛和一些仿製動物毛為原材料，對其進行編製而成。毛織物材料的服裝設計光澤較為柔和自然、吸溼透氣，而且還有良好的延伸性，穿著起來貼身、保暖，能夠充分地展示出人體完美的線條。毛織材料按原料可以分為純毛類、混紡類、交織類等。

1. 毛織材料的特點

　　這是一款採用羊毛編織而成的長款針織短袖衫，舒適性較好，手感輕滑柔軟，富有彈性和延伸性，具有溫暖的舒適感，透氣性也相當好。粉色的羊毛衫輕薄、溫暖又可愛，再搭配一雙黑色的皮鞋，使得色彩感和諧又不衝突，令穿著者變得更加清新秀麗。

　　這是一件短款的毛衣設計，凸出的毛茸裝飾讓服裝看起來有著蓬鬆感，採用黑色作為服裝的主色，因為黑色具有收縮性的效果。而毛衣上的紅藍對比，讓視覺效果變得更加鮮明強烈。黑色短款毛衣搭配同色系的寬版錐形褲，再搭配一個深紅色的手提包，既時尚又率真。

2. 毛織材料服裝配色方案

- ⊙ 純毛類毛衣配色：純毛類毛衣配色較為單調，呈現出純潔、潔淨的感覺。

- ⊙ 混紡類毛衣配色：混紡類毛衣色澤柔和、蓬鬆性好，適合青年人。

- ⊙ 交織類毛衣配色：交織類毛衣質感較為結實，而且色彩也較為鮮明。

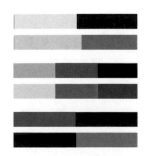

3. 毛織服裝最常見搭配方式

　　這是一件黑白條搭配的套頭毛衣，簡單大方又透露著清爽感；黑白條毛衣搭配黑色緊身褲、黑色高跟鞋，秀出修長性感的身材，帥氣中又不失女人味。

　　這是一件灰白搭配的毛衣外套，以亮麗的粉色鑲嵌在衣服邊緣，讓平淡的服裝變得更加亮麗；該套服裝搭配與上面一套搭配方法一樣，一條修身長褲、一雙高跟鞋，就輕輕鬆鬆裝扮出時尚感。

4. 服裝搭配技巧

　　黑色具有強烈的視覺收縮感，黑色套頭毛衣搭配迷你短裙，將身體多餘的贅肉全部包裹起來，讓穿著者看起來很是秀氣，再在服裝上裝飾一些明亮的色塊，給人帶來清新溫暖的感覺。

　　酒紅色毛衣搭配一件黑色修身迷你短裙，既性感又時尚俏麗，而且毛衣前的繫帶設計更是迷人養眼。

5.2.1　個性率真的毛衣外套

針織外套簡潔大方，穿起來還十分保暖，再搭配上一條鉛筆褲、一雙高跟鞋或是休閒鞋，都能為時尚加分。

關鍵色：

色彩印象：

恬靜優雅的米白色外套，搭配精緻的黑色花紋，盡顯淡雅溫婉感。

小技巧：

米白色外套搭配一條黑色修身長褲，再配上一雙裸色高跟鞋、一頂黑色帽子，嫵媚中又透露著率真感，這樣的搭配設計很適合街拍。

咖色針織背心連身短裙，再搭配黑色短袖衫、背包和皮鞋，呈現出懷舊的氣息，休閒又隨性。這樣的搭配設計很適合秋季清涼氣候的裝扮。

灰色總是給人一種安詳靜謐的感覺，總是能夠將穿著者裝扮出親切隨和的氣息，獨特的編織也很是別緻。頭戴一頂黑色圓形帽，腳踩粗跟踝靴，令時髦個性感倍增。

細高跟鞋是提升女人氣質的最好搭配。高領白色毛衣、駝色短款風衣、黑色緊身褲、單肩背包，再搭配一雙黑色細跟及踝短靴，不僅拉伸了腿部比例，更加提升了穿著者的氣質。

服裝的配色方案：

二色搭配

三色搭配

多色搭配

5.2.2 柔軟溫暖的外套

中長款的毛衣開衫是春季不可或缺的外套，腿短的女生穿著起來還可以拉伸腿部線條，而且還能夠遮擋住多餘的贅肉。

關鍵色：

色彩印象：

粉色是純情、淡雅的色彩，再融合一些白色元素，能夠很好地襯托出女生皮膚的柔細感。

小技巧：

白色寬鬆的連身褲，清爽舒適，再搭配一雙高跟涼鞋，將優雅帥氣集於一身；搭配一件長款的粉色毛衣外套，呈現出簡約大方的風格，再配上一條腰帶，使身材顯得極為高挑，亮麗又時髦。

這是一款寬鬆厚實的長毛衣，款式是以睡袍樣式進行設計的，再配上一條黃褐色的腰帶，不僅輕鬆塑造出腰型，而且將衣服包裹得更加緊實保暖。

一件長至膝蓋的長款毛衣，非常時髦。將白色內衫紮入褲腰內，讓裝扮看起來十分整潔，再配一條寬鬆的喇叭褲，塑造出隨性的氣質。

黑白色彩搭配適合任何季節，是一種永不過時的經典色彩。這件長款開衫毛衣就是採用黑白條紋設計，輕柔中透露著大氣，使整個人的品味都得到了提升。

服裝的配色方案：

二色搭配

三色搭配

多色搭配

5.3　絲織材料

絲綢布料是用蠶絲或合成纖維、人造纖維紡織而成，絲織材料可分為蠶絲、人造絲等，絲織布料的服裝設計與人的皮膚有良好的觸感，輕盈滑爽又有很好的吸溼和放溼性。根據結構特徵可分為紡、綢、絹、紗等。

1. 絲織材料的特點

這兩款服裝均採用喬其紗材質製作而成，進行染整後極富立體感，這種服裝的材料經過仔細觀察會看到一些微妙的小孔粒，因此在穿著時具有良好的透氣性、吸溼性，成衣上身也會顯得十分高雅富貴，同時又能夠展現出青春活力感。

這兩款服裝均採用綢子布料設計而成，該布料手感較為柔和，穿著起來也更加滑順，夏季能夠帶來清涼感，冬季又能夠造成保暖的作用。

2. 絲織材料服裝配色方案

⊙　紡料服裝配色：紡布料的服裝色彩設計較為淡雅，色彩主要以柔和明亮為主。

⊙　紗料服裝配色：紗料服裝色彩搭配較為繁多，清涼、溫暖均呈現著不同的氣息。

⊙　雙縐服裝配色：雙縐材料的手感柔軟、輕薄，色彩也多樣化，很適合製作裙裝。

3. 絲織服裝常見搭配方式

　　綢緞布料自古以來有著復古氣息，而且具有較好的抗紫外線功能，也有著吸溼性、透氣性和良好的保護性作用。襯衫前襟處的褶皺設計呈現出優雅、可愛的美感，再在下身搭配黑色的褲裝，使得服裝整體搭配既優雅又具復古潮流。

　　這是一件白色雪紡上衣，胸襟處裝飾上兩條褶皺花邊，由肩處到衣服下擺，再在領口處設計上一條黑色絲帶，使得整體新穎大方，低調中又透露著優雅。

4. 服裝搭配技巧

　　這套服裝整體採用淺淺的粉色裝扮，營造出淡淡的粉嫩氣息。紗質粉色燈籠袖上衣搭配一條亮片褲，再搭配一雙米白色高跟短靴，讓整體變得優雅柔美。

　　這是一件壓褶的雪紡及膝連身裙，隱約中透露著小性感，胸襟前的褶皺花紋簡潔地搭配出 V 領，顯示出女性的精緻與細膩感。

5.3.1　清淡儒雅的禮服

絲綢布料的服裝，在夏季穿有種清涼舒爽感，而一件禮裙樣式的紗裙能夠裝扮出俏麗清純風。

Ｖ領口與裙襬前開衩，外加透視設計，神祕且性感，將裙裝塑造出濃烈的飄逸感。

關鍵色：

淺紫色拖尾長禮裙顯得典雅高貴，又能凸顯出十分優雅的氣質。

色彩印象：

這是一件白底藍花的雪紡裙裝，透露著輕盈的飄逸感。

小技巧：

背心樣式的修身短裙、胸口處的Ｖ型鏤空裁剪以及裸露著的修長雙腿，隱約中透露著小性感。再在裙裝腰部添加長及腳踝的半開式裙襬，將禮裙裝扮成了一道亮麗的風景線。

這是一件性感又保守的白色禮裙，優美簡潔的裁剪設計極致地勾勒出女性完美的曲線，在燈光下會變得更加閃亮。

服裝的配色方案：

二色搭配

三色搭配

多色搭配

5.3.2 飄逸的紗衣

在夏季，不僅紗裙是人們的最愛，一件輕薄飄逸的紗衣也是眾多女性所喜愛的服裝，穿著舒適，搭配起來也很方便。

綠色的紗質上衣有一種清透森林、沁人心脾的感覺，讓人望一眼就能夠感到舒心。淡綠色的紗衣還是建議皮膚白嫩的人穿，這能襯托出純淨的清爽感。

該服裝鎖骨處和衣袖處分別以透明的形式展現，衣襟前後不透明設計則更加保守，夏季穿著起來也會更加涼爽。

服裝的配色方案：

二色搭配

三色搭配

多色搭配

關鍵色：

色彩印象：

這是一件白色紗衣，胸前與百褶袖口分別採用 4 種鮮明的色彩裝飾，不僅讓單調白衣顯得素雅，而且充滿活力。

小技巧：

服裝的不規則樣式設計，能夠呈現出時尚的前衛感。百褶設計是展現少女情懷的最好表達方式，而該服裝的百褶袖口，外加領口的蝴蝶結設計，讓風格變得極為清新俏麗。

黑色是百搭的顏色，採用黑色紗質上衣，再以透明的設計手法，使衣服隱約中透露出一絲神祕的韻味，再以紅色和綠色的互補，為服裝色彩增添一絲趣味性。

5.4 麻織材料

麻布布料是由亞麻、苧麻、黃麻、蕉麻等各種麻類纖維製作而成,麻布布料具有吸溼和防腐的特性,常見的有純麻、棉麻混紡等。選用麻布布料的服裝不易褪色,而且還耐晒。

1. 麻織材料的特點

這是一件波西米亞風格的上衣,服裝採用亞麻材質設計,該布料具有較明顯的紋理、良好的透氣性,而且不易受潮,穿著起來也舒適。

這裡展示的服裝是兩種不同風格的麻織服裝設計,前者散發著文藝的復古氣息,後者呈現的是現代時尚氣息,兩種風格雖不同,卻擁有著同樣舒適的特性,而且現今麻布布料的服裝越來越受到人們的重視,同時也變得更加受歡迎。

2. 麻織材料服裝配色方案

⊙ **個性的配色**:色彩的個性化不單單是色彩的展現,更是與服裝造型搭配相融合,展現出整體的獨特性。

⊙ **淡雅的配色**:夏季著裝的淡雅配色總是能夠將你裝扮出仙氣。

⊙ **恬靜的配色**:色彩的恬靜不止呈現在服裝上,更是對穿著者的一種訴說,是一種很減齡的裝扮。

3. 麻織服裝常見搭配方式

　　這是一件亞麻棉質刺繡服裝，設計來源於墨西哥文化，輕盈透氣的材質、寬鬆直筒的輪廓、乳白色的刺繡，展現出民族風的美感。

　　這是一件刺繡亞麻女衫，白色亞麻衫搭配紅色和黑色的幾何圖案刺繡，誇張的領口、飄逸的長穗和燈籠袖設計，展現出了穿著者靈動的風姿。

4. 服裝搭配技巧

　　這是一件軍綠色的亞麻襯衫，寬鬆的輪廓剪裁毫無穿著時的緊繃感，十分舒適，而不易察覺的側面開衩設計更是凸顯服裝的隨性，再搭配一件寬鬆的白色長褲，一雙金色的拖鞋，使得整體極為自在瀟灑。很適合居家穿著或作為悠閒的路人裝。

　　這是一件軍綠色綁帶亞麻襯衫，寬鬆的剪裁讓人在夏季穿著也不會感到過於炎熱。將衣服下擺隨意地束入牛仔短褲中，呈現出青春的活力感。

5.4.1　極簡舒適的裝扮

本節主要講解的是亞麻材質的襯衫搭配設計，搭配主要以舒適休閒為主，很適合大眾的選擇。

關鍵色：

色彩印象：

該套服裝以白色與卡其色搭配融合，使穿著者呈現出休閒隨性的氣息。

小技巧：

一件白色亞麻襯衫搭配一條卡其色休閒褲，將褲腳隨意地捲起，再搭配一雙夾腳拖鞋，可以襯托出穿著者隨和的性格，簡單又不失身分。

圖中所闡述的是襯衫的卷邊袖口和側面的開衩設計，主要是為了凸顯服裝的閒適氣息。

襯衫正面搭配單排鈕扣，鈕扣選用的是透明款式，主要是為了與服裝搭配更加和諧，以免出現突兀的現象。

襯衫胸前左右兩側均設有同樣的口袋，可以使服裝顯得對稱整齊。

服裝的配色方案：

二色搭配

三色搭配

多色搭配

5.4.2 酷感隨性的裝扮

很多女生也喜歡帥氣、酷酷的裝扮，想要扮酷首先會想到白色襯衫，下面一起來看一下酷感的裝扮吧！

這是一件半透明的白色亞麻襯衫，若隱若現的設計為服裝增添了一絲神祕感，沒有過多的裝飾，使得服裝更顯簡潔大方。

這是一條中腰牛仔褲，略微褪色的淺藍色使褲子更具藝術性的效果，修身的設計能夠勾勒出穿著者窈窕的身姿，是一件百搭的單品。

服裝的配色方案：

二色搭配

三色搭配

多色搭配

關鍵色：

色彩印象：

這套服裝搭配整體以3種色彩呈現，白色的襯衫、藍色的牛仔褲、黃褐色的鞋子，呈現出自然純淨的色調。

小技巧：

將衣服半開式系扣，並隨意地束縛在褲內，令整體的裝扮看起來更加整潔清爽。

這是一雙皮革麻底鞋。鞋子採用皮革設計，再選用亞麻作為裝飾，使得鞋子十分休閒，充滿運動氣息。

5.5　皮革材料

　　皮革布料是經過脫毛和鞣製等物理化學加工後得到的不易腐蝕的皮製品，天氣乾燥時較為柔順。皮革材料是人類使用最古老的服裝材料之一，它的樸實感是與生俱來的，不但充滿野性，而且良好的彈性讓服裝效果更佳，能夠傳遞出一種桀驁不馴的感覺。皮革分為天然細皮、天然粗皮和人造皮等。

1. 皮革材料的特點

　　這是一件仿皮機車夾克，精細的絎縫設計，精巧的小立領暗扣，以及口袋的拉鍊設計，無不展現服裝極致整潔的美感。白色內衫搭配一條黑色破洞牛仔褲，再搭配黑色粗跟高跟鞋和皮夾克，使得整體極為帥氣。

　　黑色皮夾克足以帥氣迷人，內搭白色底衫更顯層次感，再配上黑色牛仔褲，既簡單大氣又不失帥氣風範。帥氣魅力的 V 領機車夾克，席捲時尚圈，而且皮夾克服裝還相對容易清理。

2. 皮革材料服裝配色方案

◉ **深沉的配色**：深沉的色彩多呈現成熟、沉穩的氣息。

◉ **鮮豔的配色**：色彩鮮豔的服裝搭配，能夠呈現出鮮明亮麗的效果。

◉ **趣味的配色**：色彩的趣味性主要體現在色彩與服裝搭配的設計上，能夠展現更活力的氣息。

3. 皮革常見搭配方式

　　一條迷你小皮裙是最能彰顯女性性感的一件單品。一件以黑色亮片裝飾的墊肩小夾克搭配黑色迷你短裙，令穿著者整體身形顯得更加挺拔立體。

　　這是一條非常柔軟的皮革半身裙，平滑的手感更容易穿著，而且是一件永不過時的單品。黑色露肩上衣搭配黑色修身短裙，使得整體極具修身的效果。

4. 服裝搭配技巧

黑色機車外套是秋季經典不敗的外套單品，再在內部搭配藍色長裙，顯得十分成熟有魅力，而且帥氣有型。

寬鬆的長裙對微胖的女生來說是一件遮肉的最好單品，外面再搭配一件皮衣，展現出女性多樣化的魅力，既帥氣又富有優雅的氣息。

5.5.1 性感的皮裙

光滑質感的皮革布料,合身的剪裁板型,經過精心地搭配,可以打造出穿著者廓形的立體結構感。

這是一條分層式皮革長裙,皮裙採用柔滑的黑色皮革製作而成,高挑的腰線設計將穿著者的腰身完美地勾勒出來,塑造出前衛酷派感。

服裝的配色方案:

二色搭配

三色搭配

多色搭配

關鍵色:

色彩印象:

黑色皮裙更凸顯出女性幹練率真的一面。

小技巧:

黑色無袖修身長裙彰顯著復古氣質,而前胸與後背不同明度的黑色,讓服裝看起來更具個性。

這是一條高腰百褶黑色皮裙,採用柔滑的皮革裁剪出中長裙身,白色的衛衣和及踝短靴的搭配,能突出女人率性的一面。

黑白搭配是最經典的色彩搭配,黑色皮裙腰部的黑色腰帶勾勒出腰身,極具摩登裝扮。

5.5.2　皮褲潮流

皮革布料的柔軟性能夠給人帶來帥氣的龐克風和甜美的摩登性感。

這是一條寬鬆的運動皮褲，褲身兩側配有口袋和寬鬆的腰身。搭配一件灰色的毛衣，隨意地將毛衣下擺紮入褲腰內，再配上一雙運動鞋，輕鬆地打造出時髦帥氣的個人風格。

關鍵色：

色彩印象：

　　這是一條以皮革布料製作而成的皮褲，黑色皮革、米白色羅緞，為單調的服裝增添了幾分精彩。

以一條白色皮褲重新詮釋出了經典，柔軟而富有彈性的修身皮褲，搭配一件同色系毛衣和一雙土黃色及踝的高跟靴，打造出帥氣休閒的造型。

服裝的配色方案：

二色搭配

小技巧：

1. 這條皮褲採用低腰緊身的剪裁方法，可以將身材比例劃分得更加勻稱；褲子側邊的白色羅緞裝飾設計為單品注入了濃厚的塔士多風格。

2. 一條黑色綢緞的女衫、一雙細跟鏤空高跟鞋，將穿著者塑造出令人印象深刻的前衛造型。

這是一條暗紅色高腰皮褲，修身設計將腿部完美的曲線輕鬆地詮釋出來，再搭配一件黑色翻毛白邊的皮衣和一雙黑色平底皮鞋，打造出一種酷感十足的硬朗裝扮。

三色搭配

多色搭配

5.6　裘皮材料

　　裘皮服裝是冬季女性高級服飾之一，也是人類最早使用的服裝材料之一。裘皮材料的服裝質地柔軟、舒適，在冬季穿著十分保暖防寒。

1. 裘皮材料的特點

　　這是一件由羊毛皮革拼接的外套，落肩設計、螺紋袖口，打破了經典的單調感，又保留了硬朗的細節，而白色絨毛的柔軟感令整體設計散發出柔美的氣息。

　　這是一件雙色羊毛皮馬甲，在初春、深秋時穿著既保暖又不會很熱，裝扮起來也十分富有個性。

　　柔和的雙色內衫搭配一條黑色緊身褲和一雙黑色高跟短靴，穿著起來有著十足的氣場。

2. 裘皮材料服裝配色方案

⊙ **低調美麗的配色**：低調美麗的配色能夠呈現出一種柔和的感覺。

⊙ **淡雅休閒的配色**：色彩淡雅，穿著起來清新又不張揚，時尚、簡潔又百搭。

⊙ **鮮明亮麗的配色**：色彩鮮豔、明亮，既有活力，又不失莊重。

3. 裘皮服裝常見搭配方式

　　這是一件短款的紅色上衣，衣服材質採用紅色羽毛打造而成，紅色可襯托女性濃情熱烈的氣息。輕盈飄動的羽毛，舒適柔軟的手感，再配上一身黑色裝扮，演繹著奢華動人的復古風範。

　　這是一件由羊毛皮裁剪成的風衣，是一件很保暖的單品，淺淺的水粉色能夠將穿著者裝扮出稚嫩的感覺，裡衣穿上一件印花長裙，輕盈中透露著成熟的魅惑感。

4. 服裝搭配的技巧

這是一件格紋人造皮草外套，皮草的設計手法來自摩登的藝術靈感，黑色條紋與玫瑰色條紋的碰撞，形成一種別具一格的對比效果。再搭配一雙高跟鞋和一條牛仔褲，既保暖又清新亮麗。

這是一件羊毛皮絎縫製作而成的棉外套，很像一件升級版的飛行員夾克，再搭配一條寬鬆的連身牛仔褲，為穿著者增添了一絲休閒的酷感。

5.6.1 華麗低調的裘衣

裘衣穿著起來非常的雍容華貴,能夠輕鬆地突顯出女性的氣質,而且它的手感柔順豐厚,總是讓人愛不釋手。

柔美而不規則的紗質長裙搭配一件漸變灰色的皮草外套,鬆軟的絨毛十分令人愛不釋手,彰顯出了華麗的貴氣感。

服裝的配色方案:

二色搭配

三色搭配

多色搭配

關鍵色:

色彩印象:

一件灰色的皮草單品不僅僅能夠帶來溫暖,更能給人帶來意想不到的氣場。

小技巧:

黑色內衣、黑色九分褲、黑短靴,再搭配長及大腿中部的皮草外套,能夠提升穿著者的高雅格調,靜靜地演繹著低調奢華的風範。

這是一件雙排扣羊毛皮外套。服裝以亮面黑色羊皮布料製作而成,無論是在休閒時還是在職場上都能輕鬆駕馭。

這是一件仿豹紋印花皮草外套,經典的雕紋外套搭配一條牛仔褲,輕鬆地塑造出精彩紛呈的造型,簡簡單單即可抵禦寒風來襲。

5.6.2　率性沉穩的裘裝

　　搭配一件很有質感的裘衣夾克是十分引人注目的裝扮，有人認為裘衣外套是十分奢華的服飾，很難搭配，那麼下面就一起來看看如何進行搭配設計。

關鍵色：

色彩印象：

　　黑色的皮革與白色的羊毛搭配而成，保暖中又不失視覺美感。

小技巧：

　　將黑色的內衫紮入黑色寬鬆的褲腰內，再搭配一件黑色外翻羊皮毛的夾克，呈現出時尚帥氣的造型。

　　一件以羊皮製作而成的黑色機車夾克，服裝的質感與光澤都顯得十分精緻。

　　一件雙面羊毛皮外套，柔軟、厚實又保暖，搭配一條寬鬆的黑色休閒褲和一雙黑色皮鞋，為休閒的造型增添了隨性的酷感。

　　一件粉色羊皮機車夾克既能裝扮出女性的柔美，又能展現出隨性酷酷的韻味。

服裝的配色方案：

二色搭配

三色搭配

多色搭配

5.7 化纖維材料

化纖維材料是經過化學或物理方法加工而成的纖維材料，除了天然纖維面、麻、毛、絲之外，其他經過加工製成的纖維材料均是纖維材料。化纖維材料的種類可分為人造纖維織物、滌綸織物、錦綸織物和腈綸織物等。

1. 化纖維材料的特點

這是一件藍色中長款風衣。服裝選用纖維布料，質地柔軟、滑爽舒適，而且懸垂起來也較為平整。但該布料服裝也有著一定的缺點，即吸溼性、透氣性、耐磨性相對於棉料來說較差。

這是一件以棉纖維製作而成的短款風衣。

該服裝選用卡其色來裝點，無論是上班穿著還是休閒裝扮都十分適合，不僅顯得幹練知性，更能呈現出一種優雅大方的氣質。

2. 化纖維材料服裝配色方案

⊙　沉靜知性的配色：色彩的知性感能夠體現出服裝優美的氣質。

⊙　淡雅平穩的配色：色彩平淡，沒有太大的跳躍，讓人看起來會比較舒適。

⊙　大氣穩重的配色：大氣穩重的服裝設計穿著起來比較百搭。

3. 簡約風格重複搭配的表現方式

　　這是一件中長款夾克，乳白色與黑色的碰撞，塑造出了摩登風格；再搭配流蘇褲口的牛仔褲和一雙簡單的高跟涼鞋，散發著街頭悠閒時尚的氣息。

　　以下是纖維材質的服裝設計。螺紋撞色 V 領設計，簡單大氣，時尚又百搭，服裝上的圖案為服裝增添了色彩。夾克內搭一條白色修身吊帶裙，腳踩一雙粉色高跟涼鞋，展現出了女人的柔美性感。

4. 服裝搭配的技巧

時尚潮流的拼色夾克外套，展現出一種休閒的街頭風。一條破洞牛仔褲、一雙尖頭高跟鞋，休閒、時尚、帥氣，又不失百搭風格。

經典的圓領設計完美地展現出女性優美的頸部，簡單大方的拉鏈設計以及露肩袖設計，無不在突出時尚的個性。一條破邊牛仔短褲、一雙黑色高跟短靴，打造出酷感十足的自信風。

5.7.1 復古的中性風

迷彩服外套悄悄地進入了時尚的潮流，厚實又輕巧的外套讓你在微涼的秋季擁有一絲溫暖。

這是服裝口袋的一個區域。設計師將服裝衣襟兩側分別設計兩個方形口袋，也造成了整齊對稱的效果，而口袋的立體設計體現了其實用性。

服裝的配色方案：

二色搭配

三色搭配

關鍵色：

服裝採用傳統的鈕扣設計，這種設計不但不會顯得古老，反而是對傳統設計文化的一種傳承、一種藝術的體現。

多色搭配

色彩印象：

服裝採用迷彩色來打造，讓穿著者體驗不一樣的軍旅生活。

小技巧：

這件外套透露著帥氣的中性風，「褪色」效果呈現出了復古氣息，內搭一件柔美的裙裝，呈現出別樣的美感。

這是服裝下擺的一角。將服裝下擺以一條同色系的繩子裝飾，將其勒緊繫上時可以使衣服呈現出迷彩夾克的風格，小巧精緻；將繩子鬆開時衣服自然向下垂擺，呈現的是一種中性的帥氣感。

5.7.2 突破自我的個性

出色的裝扮並非一定要甜美優雅,簡約帥氣的裝扮更是一種自我的突破。

這是服裝背部的花紋刺繡,使隨性的外套透露著一絲細膩感。

服裝的配色方案:

二色搭配

三色搭配

多色搭配

關鍵色:

色彩印象:

該服裝以高貴的藍色進行裝飾,給人一種清涼舒適的感覺。

小技巧:

白色背心搭配牛仔短褲和一雙翻毛高跟短靴,再配上一件休閒藍色短款夾克,使得整體乾淨俐落,給人一種充滿青春活力的感覺。

服裝袖口、底邊、領口均採用同色系的鬆緊帶來打造,不僅能夠裝扮出服裝的精緻感,更能造成防風、保暖的作用。

服裝採用拉鍊設計,比起鈕扣來說穿著起來更加方便;而胸前的粉色圖案設計,可以提升服裝的藝術美感。

5.8　毛呢材料

　　毛呢布料是由各類羊毛、羊絨編織而成，具有耐磨、柔軟、保暖性強等優點。毛呢類布料多用在大衣、高級服裝製作中。

1. 呢絨材料的特點

　　這是一件格子呢衣外套，格子是時尚界經久不衰的元素，適合多個年齡層的人穿著，可以將穿著者裝扮得更加年輕，讓人容光煥發，更加具有自信。

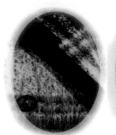

　　這件格子呢衣外套是衣櫥裡必不可少的一件單品，不但能抵禦寒冷，而且穿著時也會成為眾人的焦點。

　　這是一件由紅色、白色、黑色和灰色條紋繪製而成的彩色羊絨呢衣。

　　服裝設計以簡潔、舒適為主，無襯裡的設計能夠讓你在穿著時體會布料的柔軟與舒適，而且也不會顯得臃腫。

　　可以搭配一條白色牛仔褲來襯托衣服活潑的色彩。

2. 呢絨材料服裝配色方案

⊙ 豔麗的配色：在冬季，如果穿一件色彩豔麗的衣服，可以令你更加富有魅力。

⊙ 沉靜的配色：色彩淡雅沉靜的裝扮很適合性格內向的人，不張揚卻又能穿出時尚的韻味。

⊙ 柔和的配色：這是大眾較為喜歡的搭配，簡單中透露著一種親切的熟悉感。

3. 毛呢服裝常見的配色方式

這是一款羊絨外套，服裝色彩採用了奢華的亮藍色，能夠令穿著者展現出時髦優雅的一面。

這是一件以羊絨編織而成的長款外套，垂直收腰的設計簡潔中不失精緻，很適合上班族穿著。

4. 服裝搭配技巧

這是一件黑色收腰呢裙外套，衣擺處的蓬鬆感能夠讓穿著者呈現公主的氣息。搭配一條與衣服同類型的黑色喇叭褲，不但呈現出整體的和諧感，更能展現出一種輕柔美。

這是一件紅色收腰的毛呢外套，紅色是最能引起人注意的色彩，在寒冷的冬季穿上紅色的呢衣，再搭配一條黑色修身皮褲，一雙短靴，會讓你在人群中脫穎而出。

5.8.1　大氣時尚的「跳躍」感

冬季裡一件呢衣是必不可少的裝扮，而深色的呢衣不僅僅能夠顯瘦，還能夠襯托出氣質，因此深色的呢衣是一種時尚元素，即便不會搭配的女性穿上它也能夠在氣質上發生大轉變。

關鍵色：

色彩印象：

一款深藍色的呢大衣非常時尚，能夠展現出無限的女性魅力。

小技巧：

如果你喜歡呢大衣，又覺得自己的個子嬌小，不妨嘗試一下這套服裝的搭配。內搭一件白色的薄衫可以呈現出純淨的美感，再搭配一條長筒牛仔喇叭褲和一雙高跟鞋，不僅提高了身高，更能大大提升你的氣質。

這是服裝背部的一角，在脊背處設計一個小斗篷形狀，可以增強背型的美感，又富有藝術性。

這是呢衣胸前的鈕扣設計，設計師採用雙排拋光金色鈕扣裝點，不單單造成實用性的作用，更造成了裝飾性的效果。

該圖展現的是服裝的衣擺設計，衣擺處的流蘇邊，以及藍色、褐色和白色條紋的添加，為服裝增添了幾分跳躍性的美感。

服裝的配色方案：

二色搭配　　　　三色搭配　　　　多色搭配

5.8.2 時尚中透露的軍旅氣息

新時代的女性不再是以柔弱為美，而是以堅強、獨立、勇敢為美，而帥氣的軍旅裝恰到好處地勾起女性心靈深處的那一抹悸動心靈。

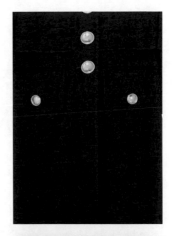

這裡所展現的是服裝的口袋設計，色彩、形狀、元素均相同，展現出服裝的整體和諧美，而這種對稱形式的服裝更適合穩重的女性穿著。

該處所展現的是服裝背部的披風設計，使得款式極為完美，將服裝塑造成軍裝外套，具有一定的正式感。

關鍵色：

色彩印象：

這是一件極為顯瘦且時尚的中長款黑色呢衣。

小技巧：

呢衣與高跟鞋都是提升女人氣質的必要單品，將兩者融合在一起搭配，可以襯托出穿著者高挑的身材，又能營造出其高貴的氣質。

服裝越位採用一排金色的鈕扣來裝飾，鈕扣不僅造成了實用性的作用，也造成了點綴性的作用，能增強服裝的亮點。

服裝的配色方案：

二色搭配

三色搭配

多色搭配

CHAPTER
06
不同用途的服裝搭配妙招

　　不同用途,不同場合,人們穿的服裝是不一樣的。例如,參加宴會穿休閒裝就不太合適;運動時穿職業裝也不太合適。因此,衣櫃裡的服裝應該是多樣的,應按照出席的場合來決定穿著的服裝。按照用途的不同,服裝可分為休閒裝、運動裝、職業裝、居家裝、晚宴裝、約會裝、聚會裝、舞會裝等。

6.1 休閒裝

　　休閒裝也就是我們常說的便裝，款式和布料類型較為多樣。休閒裝設計新穎、造型簡單，能夠展現出一種自然、舒適、方便，給人無拘無束的感覺。休閒裝多以 T 恤、牛仔、襯衫等裝扮呈現，也有一些其他新興的裝扮。

1. 休閒裝的特點

　　這是一套富有文藝氣息的休閒搭配。一件深藍色牛仔夾克，一條長款印花連身裙，一雙白色運動鞋，一個單肩背包，精細的剪裁，精心的搭配，會令你的身材線條更加流暢，整體裝扮效果也更加舒適。

　　這是一套偏運動風的休閒搭配。一件雙色夾克，一件白色 T 恤，一條寬鬆闊腿褲，再搭配一雙白色小球鞋，呈現出一種時尚的休閒舒適感。

2. 休閒裝配色方案

⊙ 輕盈舒適的配色：主要體現在高明度的服裝色彩，色彩明亮能夠帶來愉悅的心情。

⊙ 低純度的配色：低純度的色彩更加實用，也是人們常穿服裝的色彩搭配。

⊙ 自然清爽的配色：服裝呈現出的自然清爽感主要體現為淡雅的藍色，多出現在牛仔裝扮中。

3. 休閒裝常見的配色方式

　　該套裝扮流露著濃濃的復古韻味。黑色流蘇夾克，刷色牛仔褲，再搭配一雙豹紋踝靴，整體凸顯出一種休閒搖滾風。

　　一件黑色 T 恤，一條繩式腰帶牛仔短褲，再搭配一件印花白色外套和一雙黑色拖鞋，整體流露出一絲隨性的韻味，不僅看著舒服，穿著也非常舒適。

4. 休閒裝搭配技巧

　　多數的休閒裝搭配離不開夾克。紅白條紋 T 恤搭配一條白色九分褲，看起來非常清爽，再搭配一雙繫著紅色鞋帶的球鞋，恰到好處地與 T 恤構成融合，最後配上一件藍色的夾克，整體色彩富有衝擊性，突出奪目。

　　黑色與白色是最為經典的搭配。該套服裝中的白色 T 恤、黑色牛仔褲、白色運動鞋，呈現出一種經久不衰的時尚感。一件藍色短袖夾克成為整體裝扮的亮點，不僅能夠突出穿著者的個性，更散發出青春般的活力。

6.1.1　前衛休閒裝

休閒裝的前衛感主要體現在服裝的布料和搭配風格上。

這是一套當下流行的層次搭配，白色純棉背心配上一條破洞白色牛仔褲和一雙土黃色編帶平底涼鞋，再配上一件藍色牛仔外套，清新而富有趣味，很適合假日出遊。

服裝整體採用黑色和白色裝扮，簡潔大方。一件白色 T 恤、一條黑色撕邊牛仔褲、一雙平底球鞋，再搭配一件黑色夾克和黑色單肩背包，整體裝扮不但休閒，更展現出了中性風的魅力。

將黑色背心束縛在刷色牛仔褲內，再搭配一雙黑色平底尖頭鞋和一件白色撕邊外套，整體彰顯著時尚的魅力。

服裝的配色方案：

二色搭配

三色搭配

多色搭配

關鍵色：

色彩印象：

這套服裝以黑色為主，展現出纖細的身材。

小技巧：

半透視針織 T 恤，搭配一條長款的條紋半身裙，再穿上一雙白色運動鞋，可展現出慵懶悠閒的城市風。

6.1.2　傳統休閒裝

傳統休閒裝並不是指服裝搭配方式陳舊，而是說服裝構思簡潔大方，展現效果端莊大氣。

關鍵色：

色彩印象：

服裝色彩以黑色、白色、灰色為主，以呈現出服裝經典的感覺。

小技巧：

黑色吊帶，黑色短褲，黑色平底涼鞋，再在腰間繫上一件灰色格子襯衫，就是一種經典的休閒裝扮，輕鬆、自在，穿著也十分舒適。

這是一套富有傳統氣息的休閒搭配。拼接天鵝絨外套搭配一條寬鬆褪色的牛仔褲，完美展現出懷舊的美感，在簡約中傳遞出個性。

一件 T 恤、一條牛仔褲是最簡單的休閒搭配。喇叭褲是 1980 年代最流行的裝扮，一條喇叭褲、一件黑色短袖 T 恤，即可打造出與眾不同的休閒韻味。

這是一套極具中性氣息的休閒裝扮。紅色的字母圖案與黑色夾克營造出強烈的對比效果，一條鉛筆褲、一雙馬丁鞋，令整體裝扮更加具有個性。

服裝的配色方案：

二色搭配

三色搭配

多色搭配

165

6.2　運動裝

　　運動裝就是在運動場合穿著的服裝，如跑步時穿的服裝、做瑜伽時穿的服裝等。隨著時代的不斷進步，運動類的服裝也不再單一化，而是新穎、多樣，更加具有美感。

1. 運動裝的特點

　　這是一套富有青春活力的運動裝。一件運動衛衣搭配一條白色迷你短裙，給平淡乏味的運動增添了無限生機。這樣的運動套裝很適合打排球、打羽毛球。

　　這是一套藍色運動套裝，腰部、胯部配有色彩鮮明的拼接材料，起著裝飾性的作用。而服裝的緊致裁剪使其具有修身的作用。這套運動裝很適合戶外跑步時穿著，可以造成很好的保護作用。

2. 呢絨材料服裝配色方案

⊙ **輕柔的配色**：輕柔的色彩能夠穿出一絲清爽溫和的味道。

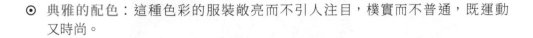

⊙ **典雅的配色**：這種色彩的服裝敝亮而不引人注目，樸實而不普通，既運動
又時尚。

⊙ **鮮明的對比色配色**：補色有著鮮明的視覺效果，是永遠的經典。

3. 滑雪服常見的配色方式

　　這是一套輕薄布料的滑雪夾克套裝。這套以紫色和黃色互補色彩裝飾的服裝可
謂是滑雪時的首選，讓你在潔白的雪場中成為一道亮麗的風景，而且服裝的材質與
厚實程度，以及整體的著裝搭配，都有著極佳的保暖功效。

　　這是一件暗色的滑雪服飾套裝。服裝的主色是灰黑色，同時採用黃色與藍色條
紋作為對比，增加服裝的亮點。最後採用皮革裝飾衣邊，可以造成防風禦寒的作用。

4. 健身時的服裝搭配技巧

　　這是一套健身時穿著的運動套裝。一件黑色的彈力背心、一條黑色緊身短褲、一雙紅色運動鞋，服裝搭配選擇黑色是因為健身時易出汗，黑色可以造成耐髒的作用，紅色的運動鞋則起著醒目的點綴效果。選用緊身的運動裝是因為服裝對肌肉的包裹性能夠使人感覺到興奮，從而讓人更加充滿力量。

　　這是一套彈力運動裝。一件黑色彈力運動內衣、一條粉紅色中長款緊身褲、一雙青藍色運動鞋，彈力內衣可以在運動時造成美化胸型的效果，而彈力褲與鞋子色彩的互補效果，有著強烈的視覺衝擊感，讓你健身時的心情也變得更加美好。

6.2.1　輕盈的網球運動裝

運動裝分為很多類型與樣式。其中,網球裝多以白色和裙裝搭配設計,呈現出一種清爽、輕盈的視覺感。

該套運動裝採用紅色與白色搭配設計,外表非常美觀。紅色褶皺裙有著飄逸的靈動性,再配上一雙白色運動鞋,讓你在運動場上揮灑自如。

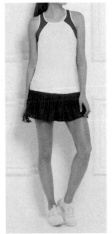

服裝的配色方案:

二色搭配

三色搭配

多色搭配

關鍵色:

色彩印象:

服裝整體以白色為主色,清新秀麗中透露出純潔的氣息。而裙襬處的綠色和紫色的裝點為白色增添了一抹亮麗的光彩。

小技巧:

該套服裝採用鏤空的設計手法,具有很好的透氣效果。服裝的混紡材料穿著起來更加靈活自如。

這是一件提花網球連身裙,檸檬色的拉鏈和口袋的精細設計為白色連身裙注入了趣味性,而且服裝的提花布料能吸溼排汗。

這是一件針織網球連身裙,服裝材質採用透氣速乾白色彈力布料,有著良好的抗皺性能,穿著起來非常涼爽,會讓你在球場上更加出色。

6.2.2　輕鬆的運動裝

運動裝一定要穿著合身、舒適，挑選運動服裝時應根據環境和自身情況來決定，也要注意周圍的溫度變化，避免運動時受到不必要的身體機能傷害。

修身運動裝搭配一件連帽衛衣，很適合在清涼的秋季晨跑時穿著，輕盈保暖，裝扮也不繁瑣，十分輕鬆自在。

關鍵色：

色彩印象：

灰色上衣搭配一件黑色鉛筆褲，上淺下深，和諧舒適，整體也更加穩定，避免了頭重腳輕的視覺效果。

小技巧：

服裝整體採用棉質針織布料製成，穿著起來更加舒適保暖。

這是一套黑色的運動裝扮，布料材質在穿著時呈現柔軟的質感，是前返健身房時的最佳搭配。

上衣採用彈力輕薄布料和棉質針織布料製作而成，再搭配一條修身花紋運動褲，穿著者跑步時可輕鬆自如。

服裝的配色方案：

二色搭配

三色搭配

多色搭配

6.2 職業裝

　　職業裝是工作時穿著的服裝，根據不同的行業和職業特徵，以及要應對不同年齡層這一特性，職業裝多以西裝外套、西裝褲、裙子形式展現。隨著時代的進步，職業裝變得更加多樣化，樣式也更加亮麗，更能凸顯出穿著者的魅力和前衛感。

1. 職業裝的特點

　　這是一件女士黑色西裝夾克，選用羊毛布料製作，線條柔和，經典的裁剪設計蘊含著永恆之感。黑色西裝外套內搭配一條黑色直筒蕾絲連身裙，透露出女性的魅力和高貴，再搭配同色高跟鞋、手提包和亮麗的耳墜，撲面而來便是一股幹練女強人的氣息。

　　職業裝中出現最多的就是西裝，正式且富有氣場。白色襯衫和黑色西裝褲也是職業裝中最常見的搭配，率性，不過時。再搭配一件灰色的長款呢大衣，可極大地削弱職業裝的呆板氣息，增添一絲細膩的潮流感。

2. 職業裝搭配配色方案

⊙ 淡雅的配色：淡雅的色調可以更好地把握整體的色彩搭配，在婉約中透露出一種休閒感。

⊙ 清新的配色：清新的色彩能夠讓人感受到一種沁人心脾的爽朗感。

⊙ 明亮的配色：色彩的明亮指的是顏色的深淺，色彩越明亮，服裝給人的感覺越乾淨舒暢，有著整潔的韻味。

3. 職業裝常見配色方式

　　海藍色西裝外套，略微寬鬆裁剪的絲綢印花襯衫能夠確保穿著的舒適，菱形的印花為服飾增添了時髦氣息，再搭配一條以現代風演繹的經典喇叭褲，重演了 1970 年代的復古韻味。最後配上一雙高跟鞋，身形將更顯高挑迷人。

　　這是一款藍色棉織混紡西裝外套。該西裝主要強調肩部與腰部的線條，呈現出經典的寬肩細腰廓形，再搭配一條黑色喇叭褲，並對褲腿側面膝蓋以下進行開口剪裁設計，塑造出獨特的藝術效果。

4. 服裝搭配技巧

一件柔和的粉色毛呢西裝,搭配一條黑色西裝褲,整體既有職業的幹練風範,又充滿少女的浪漫情懷。衣服前襟處的金色鈕扣排列成別緻的弧形,是整體服裝的亮點。

一件藍色的毛呢西裝,搭配一條白色的西裝褲,整體散發出一種乾淨帥氣形象。西裝腰間的精細設計,營造出完美的身形輪廓,兩側口袋的不對稱設計,給人一種新型的潮流感。

6.3.1　細膩婉約的職業裝

沉悶、呆板不再是職業裝的代名詞。根據時尚的新一代潮流，職業裝的設計越來越大膽，時尚前衛，遠離單調。

一件 V 領白色短袖襯衫，搭配一條黑色羊毛布料半身裙，可以將身材曲線勾勒得更加完美。裙裝側面的開衩口，更加方便穿著者行走。

服裝的配色方案：

二色搭配

三色搭配

多色搭配

關鍵色：

色彩印象：

紅色、藍色的條紋圖案，使服裝擺脫了呆板感。

小技巧：

黑色吊帶連接一條長及腳踝的黑色不規則裙子，將整體勾勒出優雅幹練的 A 字型輪廓。

黑色半身裙是打造優雅亮麗職場裝的必備單品，一件絲綢襯衫搭配一條黑色修身短裙，再搭配一雙黑色細跟高跟鞋，輕鬆演繹出一種時尚優雅。

白色襯衫搭配一件鎖鏈花紋高腰半身裙，給人一種成熟性感的韻味。再搭配一雙綁帶式黑色高跟鞋和白色手拿包，塑造出引領時尚的裝扮。

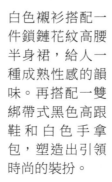

6.3.2 輕靈時尚的褲裝

輕靈的褲裝是上班族愛不釋手的單品，它不但具有傳統時尚的美感，又能展現如今的潮流美。

關鍵色：

色彩印象：

黑色與灰色是一種經典的色彩搭配方式，一件灰色的西裝搭配一套黑色的套裝，有著十分深遠的內涵。

小技巧：

黑色長領上衣搭配一條九分闊腿褲，穿著起來非常舒適，再搭配一件灰色西裝外套，最後以黑色腰帶將服裝腰部輕鬆地束縛起來，整體裝扮極為整潔幹練。

西裝採用黑色彈力縐紗編織而成，精緻的鈕扣裝飾以及袖口布條的輕盈，為西裝賦予了一種中性、幹練、瀟灑的風格，再搭配一條黑色誇張的喇叭褲，整體裝扮優雅中透露著別緻感。

這是一套黑色西裝搭配。西裝外套採用燕尾服的設計原理，將服裝後擺加長，可以隱藏臀部與胯處多餘的贅肉。服裝設計注重剪裁以及腰部線條的精細設計，可以襯托出曼妙的身姿，再配上一條喇叭褲，輕靈中透露著時尚感。

這是一件雙排扣西裝外套，皮革質感的裝飾呈現出一種獨特的精緻感，再搭配一條側開口的西裝喇叭褲，展現出極為精緻的專業氣息。

服裝的配色方案：

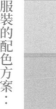

二色搭配

三色搭配

多色搭配

6.4　居家裝

居家服裝是指在家休閒時穿著的服裝，使用的布料極為舒適，款式也較多，穿著起來甚至可以很美觀。

1. 居家裝的特點

灰色羊絨開衫有著柔軟的質地，穿著起來也更加舒適，再在腰間繫上一根灰色的腰帶，將寬鬆的輪廓束縛起來，顯現出一種隨性。灰色羊絨打底褲也有著柔軟的舒適度，行動起來非常便利。

這是一件羊絨針織睡裙，V字型低領口，給原本平淡的睡裝增添了一絲豪華感，穿起來舒適愜意。

2. 居家裝搭配配色方案

- ⊙ 柔雅的配色：服裝色彩清淡柔雅，穿著起來低調又不失高貴感。

- ⊙ 柔軟的配色：色彩鮮明、柔和，奢華柔軟，總是讓人愛不釋手。

- ⊙ 中性閒適的配色：這種配色會給人一種青春活力，而且很具實用性。

3. 居家裝常見的配色方式

這是一條長款的居家連身裙，手感舒適親膚，拖長的後擺設計顯得閒適隨性，很適合居家穿或是當作睡衣。

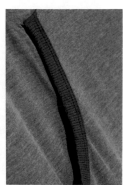

這是一件紫色羊絨睡袍，再搭配一條同色、同材質的打底褲，既能束出曼妙的身姿，又能打造出舒適的穿著。

4. 居家裝搭配技巧

這是一套運動裝，也是一套居家的輕鬆裝扮。不但在居家時可以穿著，甚至是逛街時也能夠穿著，塑造出自在的街頭風格。服裝的靈活收腰，以及字母的點綴，為服裝平添一股時尚的氣息。

這是一套羊絨質地的休閒套裝，是居家休閒必備之品。柔軟的材質擁有略微寬鬆的廓形，褲腿逐漸收緊於螺紋設計，穿起來柔軟舒適。

6.4.1 休閒的居家套裝

一套舒適的家居服，可以為家居生活營造出一種溫暖的氛圍，生活也會變得更加有滋有味。

粉色羊毛編織開衫搭配一條灰色打底褲，整個裝扮輕鬆自在，沒有過多的束縛與裝飾，讓慵懶的週末擁有一個舒適的心情。

服裝的配色方案：

二色搭配

三色搭配

多色搭配

關鍵色：

色彩印象：

服裝採用肉色來裝扮，柔和親切，百搭又不顯過時。

這是一套居家套裝，這樣的套裝在家中穿著保暖舒適，也很適合在出遊時睡覺穿著，安全又保暖。

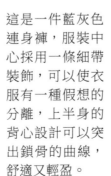

小技巧：

一件針織外搭可以隨意地與其他單品搭配出不同的風格。下身褲裝的腰部採用鬆緊抽繩來確保穿著時的靈活合身，也能固定好褲子，確保安全性。褲腳處的緊致設計可以避免褲子透風，使得褲裝更加保暖。

這是一件藍灰色連身褲，服裝中心採用一條細帶裝飾，可以使衣服有一種假想的分離，上半身的背心設計可以突出鎖骨的曲線，舒適又輕盈。

6.4.2　優美時尚的睡衣套裝

　　不知何時起，睡衣也開始引領時尚的風潮。一套絲綢睡衣不僅能夠凸顯出穿著者優雅溫婉的氣息，就連逛街也能為你裝扮出別樣的時髦感。

關鍵色：

色彩印象：

　　乳白色的服裝、黑色的圖案，設計輕盈靈動。

小技巧：

　　這是一套絲織睡衣套裝，夏季穿著清涼，冬季穿著保暖，而服裝上豐富的圖案也呈現出熱鬧非凡的城市景象，既華麗又活潑。

　　這是一套絲緞睡衣，藍色服裝、白點裝飾，給人一種高貴的奢華感。除了配套穿著以外，還可以搭配一條牛仔褲，恰好符合了現在「睡衣外穿」的時尚感。

　　這是一套黑白條紋絲緞睡衣，這種斑馬紋是時尚界最常用的一種設計手法，簡單又兼具時尚感。

　　這是一套黑色的睡衣裝扮。服裝採用輕盈的棉布布料剪裁而成，簡潔亮麗；服裝的寬鬆剪裁也非常適合在休閒的週末穿著。

服裝的配色方案：

二色搭配

三色搭配

多色搭配

6.5　晚宴裝

　　晚宴服裝屬於禮儀服裝的一種，主要是參加晚宴時穿著，也是女士禮服中等級最高、最具特色和個性的服裝。晚宴裝主要以輕盈優雅為主，色彩搭配以素雅色調或相近色調為宜。

1. 晚宴裝的特點

　　晚禮服服裝更加高級，多是為了迎合晚宴奢華、熱烈的氣氛。

　　晚宴服有現代禮服和傳統禮服之分，傳統禮服多是為了凸顯出女性的窈窕身姿；現代禮服更加前衛時尚，給人以鮮明的視覺感。

2. 晚宴裝搭配配色方案

◉ 經典配色：經典的紅色、藍色、黑色是晚宴服最常見的用色，有著精美時尚的
　貴氣感。

◉ 高貴迷人的配色：服裝色彩中應用低明度的色彩，展現出高貴精緻的氣息。

◉ 俏麗的配色：色彩繽紛的服裝給人一種俏麗活潑的感覺，能凸顯出一種獨特的
　柔美韻味。

3. 晚宴禮服常見配色方式

　　這是一件蓬鬆的拖地長禮服。禮服材質採用棉麻混紡，有著親膚柔和的舒適感；
彩色條紋圖案為服裝修飾出簡約的美感。

　　這是一件碎花晚宴裝。由肩部延伸到腰部兩側的黑色邊條形成了蝴蝶結，呈現
出小清新的氣息；服裝整體的設計展現出豐盈的輪廓層次，古典又浪漫。

4. 保守的晚宴服裝搭配技巧

這是一件披風式的晚宴服裝，橘紅色的色彩更具喜慶熱烈的氛圍感；前襟胸口處採用白色刺繡裝飾，洋溢著細緻的美感。這件晚宴服很適合參加婚禮或是社交活動時穿著。

這件禮服採用紅色絲喬紗製作而成，透明的燈籠袖，胸前的荷葉邊，以及隨著步伐飄動的裙襬，既提升了禮服的浪漫氣息，又展現穿著者保守且隨性優雅的氣質。

6.5.1 光鮮奪目的禮服

色彩鮮明的禮服非常引人注目，可以讓穿著者成為晚宴中最亮麗的一抹風景，又可以在突出花樣容顏的同時彰顯出優雅、嫵媚、性感的一面。

關鍵色：

色彩印象：

紅色是最豔麗的色彩，紅色禮服會增加成熟女人的魅惑感。

小技巧：

服裝從前面看是一件拖地的長款背心連身裙，誇張的高開衩更能增加女性的魅惑感；後面則是將整個背部裸露出來，完美地展現背部的線條；再用腰帶將腰部束縛起來，整體線條流暢、優美。

這是一件印花抹胸長禮裙。禮裙採用亮澤光滑的斜紋布製作而成，黃色的布料，黑白色的花紋，為服裝襯托出歡快的活潑感。禮裙可以有兩種穿法，一種是採用黑色腰帶束腰凸顯身材，另一種是去掉腰帶，增顯整體的纖細感。

這是一條錦緞禮裙。服裝採用優雅的刺繡和精緻的配飾點綴，褶皺的喇叭狀半身裙，使穿著者散發出優雅浪漫的氣息，尤其是腰間水晶的裝飾，極為耀眼迷人。

這是一件以亮片修飾的修身長款禮服。禮服色彩由上至下逐漸變淺，有著一種延伸性的藝術感，再加上亮片的裝飾，更顯炫目高貴。

服裝的配色方案：

二色搭配

三色搭配

多色搭配

6.5.2　華美優雅的禮服

禮服並不一定都選用亮麗的色彩，可以服裝本身的精細剪裁和穿著者的身材來突出個人以及服裝的精美感，低調又不失華美感。

這是一件刺繡絹網禮裙。七分袖透明絹網包裹著一件白色抹胸長裙，絹網的透明設計若隱若現地透露著內部的景象，有著一種誘惑的美感。

關鍵色：

色彩印象：

禮服選用象牙白的雪紡製作而成，可以凸顯出純潔秀美的氣息。

小技巧：

這是一款新娘晚宴穿著的白色禮服。性感的深 V，精緻的腰飾，以及輕柔的裙襬，將婀娜的身姿輕鬆地凸顯出來，再配上一雙同色的細跟高跟鞋，襯托出出挑的氣質。

這是一件白色蕾絲禮裙。該禮裙是以東方傳統的旗袍為參考，再加上現代的時尚元素設計而成，經典的立領與盤口，透露著傳統的文化氣息；裸露的肩部、腰部和腿部線條配上輕盈的蕾絲，呈現出俏皮優雅的氣質。

這是一件性感中又透露著保守的白色禮裙。精美的荷葉邊融合著清透的蕾絲，展現出女性的成熟與純真，這種搖擺不定的浪漫前衛感，是一種情緒的完美詮釋，具有迷人的魅力。

服裝的配色方案：

二色搭配

三色搭配

多色搭配

6.6 約會裝

　　約會裝自然就是約會時穿著的服裝。約會服裝打扮一定要適合場合、地點，穿著得體大方，能夠讓人眼前一亮，有著清晰的印象。

1. 約會裝的特點

　　約會裝是一種享受快樂的裝扮，能夠裝扮出青春活力的氣息，又可以裝扮出沉穩感，能夠給人留下深刻的印象。

　　約會裝可以裝扮出清新的風格，也可以裝扮出性感的風格，能夠呈現出女性獨有的魅力與與生俱來的氣質。

2. 約會裝搭配配色方案

⊙ 自然清爽的配色：自然清爽的色彩最容易裝扮出清雅的淑女氣息。

⊙ 明豔動人的配色：明豔動人的色彩視覺感更加強烈，更能引起人的注意。

⊙ 清閒雅緻的配色：這樣的色彩搭配讓人更加安心，整個裝扮給人輕鬆休閒的風格。

3. 約會裝常見的配色方式

　　約會時著裝最好要展現出清爽和純潔乾淨的一面。這款象牙白的絹網迷你連身裙優雅迷人，服裝上亮片、珠飾和水晶巧妙的設計展現出高雅的韻味感。

　　這是一件迷你連身裙。將黑色花紋編織在白色底的裙裝上，裙襬處不規則而巧妙的設計，營造出真假兩件的效果，既輕盈又飄逸。

4. 約會裝搭配技巧

　　這是一件蕾絲邊飾絹網連身裙。精心編制的珠飾和亮片為淡雅的服裝增添了一絲前衛感，而服裝的蕾絲邊飾也為服裝塑造出十足的仙氣。

　　這是一件單肩羅緞迷你連身裙。素淨的白色與精細的剪裁，彰顯出柔美女人味。裸露的單肩、誇張的蝴蝶結造型，使得服裝優雅非凡，讓你在約會時會變得更加精緻迷人。

6.6.1 清新的約會裝

清新風的裝扮總是和優雅文藝脫離不了關係,而一條裙裝正適合這樣的裝扮,既散發著書香感又優雅恬靜。

關鍵色:

色彩印象:

這是一件色彩鮮明的印花連身裙,透露著少女清新的俏皮感。

小技巧:

這是一條吊帶連身裙,優雅的 A 字型輪廓,將身材修飾得纖細苗條,再配上深紅色的細跟涼鞋,可以升級整體的修身效果。

這是一套印花棉紡材質的連身裙套裝。精美的鬱金香花為單品增添活力的氣息,修身直筒的剪裁與精心的搭配,塑造出優雅的名媛風範,約會時穿著一定會大放光彩。

一朵朵恣意綻放的康乃馨印花組合成的鮮明色澤感,有著令人一見傾心的效果,雅緻的剪裁配上收腰設計,輕鬆地勾勒出完美的身形。

紅色、藍色搭配的鉤編蕾絲半身裙,配上一件白色荷葉鏤空邊的一字型上衣,襯托出清新脫俗的氣息。

服裝的配色方案:

二色搭配

三色搭配

多色搭配

6.6.2　成熟魅力的約會裝

　　成熟的裝扮多以突出身形輪廓來展現。成熟魅力的約會裝不要裝扮得過於花哨，但也不能太過於平淡，一件修身性感的小裙裝就能輕鬆打造出女性獨有的魅力。

關鍵色：

色彩印象：

　　清爽飄逸的藍色蕾絲長裙，映射著天空唯美清新的氣息。

小技巧：

　　水藍色花蕾絲製成的 A 字裙，再配上黑色衣領和黑色羅緞邊飾，輕鬆巧妙地勾勒出玲瓏的身形，極為精美亮麗。

　　這是一件青綠色連身裙，左側褶皺的細節，令身形更顯曼妙多姿，再搭配一雙黑色高跟短靴，極為前衛清爽，約會時穿著一定會讓你變得很迷人。

　　這是一條墨藍色連身裙，精心編製的肩頭和樣式，為單品注入浪漫的氣息，而服裝的完美剪裁巧妙地勾勒出纖細腰身。

　　褶飾印花彈力絲綢女衫，搭配一條黑色迷你皮裙和一雙黑色高跟短靴，突出女人性感迷人的氣息。

服裝的配色方案：

二色搭配

三色搭配

多色搭配

6.7　聚會裝

　　聚會可分為商業聚會、休閒聚會和同學聚會，大家聚在一起主要是聊天、吃飯，是一個很開心、很放鬆的場合，因此服飾多以端莊自在為主，並不一定要很隆重。

1. 聚會裝的特點

　　著裝是一種文化、一種文明，同時也是一種審美。聚會時的服裝主要是以舒適為主，每個人都會根據自己的喜好穿著，能夠突出穿著者的獨特個性。

　　聚會裝以輕鬆隨意的色調為特色，給自己營造出輕便舒適感，也給別人一種親切、自如的感覺。

2. 聚會服裝搭配配色方案

⊙ 驚豔的配色：驚豔的服裝色彩可以讓你在聚會中脫穎而出。

⊙ 典雅的配色：墨藍色與白色，黑色與白色，不僅能夠襯托出服裝的美感，更能呈現穿著者的典雅氣息。

⊙ 奪目的點綴配色：服裝鮮明的點綴色能夠裝扮出繽紛多彩的景象，柔美又帶點俏皮感。

3. 聚會服裝常見的配色方式

這是一套以紅色和灰色搭配組合的服裝設計，上衣與裙裝均採用不規則設計手法，這種不規則的設計，恰好將服裝構成一套連身裙的真假兩件式，既美妙又創新。

一條富有古韻氣息的紅色半身裙，搭配一件白色長袖襯衫，呈現出優雅雍容之美，再配上一雙高跟鞋，可以將整個身材曲線拉得更加高挑。

4. 聚會裝搭配技巧

一件絲織襯衫搭配一條黑色半身中長款紗裙，讓你輕鬆從職場轉入聚會的角色，襯衫的蝴蝶結設計為服裝增添了一絲青春的活力感，一雙馬丁鞋也為整體裝扮增添了輕鬆自我的個性感。

這是一條以黑色、白色和紅色條紋搭配而成的長款襯衫裙，一條黑色流蘇腰飾的裝點，為整體裝扮平添女性優雅的韻味，簡潔率真又不失女性獨有的特色。

6.7.1　嫻雅安逸的聚會裝

生活的快節奏往往壓得人們喘不過氣，難得有閒暇的時光聚會，因此聚會應以輕鬆休閒的裝扮展現，人們也更願意以平和、寧靜、質樸的形象示人。

一件碎花無袖連身裙搭配一件綠色西裝外套，將服裝匯滿夏季清新的元素，令整體裝扮簡單大方又富有青春活力。

服裝的配色方案：

二色搭配

三色搭配

多色搭配

關鍵色：

色彩印象：

白色與藍色搭配更能呈現出涼爽的感覺。

小技巧：

一件棉織迷你連身裙搭配一件藍色牛仔外套，再配上褐色涼鞋和單肩包，使得整體裝扮散發著隨性而簡約的味道。

一件白色印花襯衫搭配一條牛仔短褲、一雙褐色涼鞋和一個單肩背包，打造出愜意休閒的聚會感覺。

這是一條白色牛仔迷你連身裙。以一排鈕扣裝飾，可以增添穿著者的靈活性，使得服裝風格更加獨特。

6.7.2 文雅生動的聚會裝

文雅不單單指的是人的行為、品行，服裝也是襯托文雅的必要因素。服裝文雅的氣息首要的前提就是給人舒適感，大方、安定、沉著的裝扮，會讓人更具有氣質。

關鍵色：

色彩印象：

服裝以藍色和白色搭配設計，呈現出小公主的高貴氣質。

小技巧：

蕾絲連身裙，優質的剪裁，領口與袖口的精美處理，布料與裝飾的完美結合，體現出歐美迷人的氣質。

這是一件迷你連身裙。裙裝布料採用絲綢和棉質混紡為服裝賦予細膩的光澤感，黑色的服裝印有白色的花紋，打造出了優雅的韻味。

這是一件迷人的黑色連身裙。頸部與肩部的白色星星印花與經典的斗篷樣式，為服裝賦予戲劇性的張力。

這是一件黑紗連身裙。裙裝上印有明媚動人的藍色、綠色、紫色和粉色花紋圖案，令人一見傾心，而荷葉邊花紋的裝飾讓人行走起來更加飄逸、驚艷動人。

服裝的配色方案：

二色搭配

三色搭配

多色搭配

6.8　舞會裝

　　舞會時的著裝一定要與氛圍協調一致，色彩搭配應協調，材料質感應華貴，剪裁效果應細緻立體。通常舞會裝會給人一種華麗、大氣的感覺。

1. 舞會裝的特點

　　舞會服裝應凸顯端莊典雅的女性氣質。其吸引力在於服裝的特別和精緻，使舞姿能更飄逸動人。

　　舞會著裝以長裙居多，注重裙襬的造型，重視色彩搭配和配飾搭配。配飾搭配得好，能夠造成錦上添花的作用，更顯高貴氣質。

2. 舞會服裝搭配配色方案

⊙ **個性的配色**：個性的配色能夠把最絢麗的一面展現出來，可以突出服裝與眾不同的美感。

⊙ **寧靜的配色**：寧靜的配色給人溫暖、安定、沉著的感覺，能夠襯托出人體的形態美。

⊙ **高雅健康的配色**：這樣的色彩給人以涼爽之感，平和、優美、養眼。

3. 舞會服裝常見的配色方式

這是一件以綢緞製作而成的貼胸舞會裙裝，A字型的輪廓將穿著者襯托得優雅華美，身姿曼妙。服裝前面裝飾著精美亮麗的燈飾圖案，極為別緻浪漫。

這是一件以綢緞製作而成的紅色舞會裙裝，肩部、胸前、腰間精美的裝飾呈現出一種華麗耀眼的美。

4. 舞會服裝搭配技巧

這是一件黑色、低調、奢華的舞裙，它能夠將白皙的皮膚與暗夜的冷靜完美結合，塑造出英氣逼人的氣息。

這是一件採用紫灰色蕾絲布料製成的抹胸舞會禮裙。胸前及裙襬處的花式展現出亮麗的美感。裙襬處的蓬鬆與層次設計，裝飾出裙裝的華貴感。

6.8.1　性感妖嬈舞會裝

修身長裙是女生非常鍾愛的舞會裝扮，它能夠展現出女性優美的身材，給人一種嫵媚感，再搭配精緻的妝容，能夠輕鬆地贏得眾人的關注。

舞動時藉著燈光能夠閃爍出耀眼的光芒。銀色的吊帶搭配金色裙裝，使得穿著者極為美麗。

這是一件黑色連身裙裝。這件服裝比起滿是亮片的服裝，更能體現出性感，顯現女性優雅的姿態。

黑色蕾絲包裹全身，修身的剪裁，魚尾裙襬，讓服裝與身材完美融合在一起，散發著讓人無法抗拒的性感光芒。

服裝的配色方案：

二色搭配

三色搭配

多色搭配

關鍵色：

色彩印象：

這是一件紫色修身拖尾舞裙，這樣的服裝適合輕盈浪漫的舞會，可以呈現出優美動人的姿態。

小技巧：

這件服裝採用雙層的設計手法。紫色鏤空蕾絲表面有著女性獨有的魅惑感，精心緊致的剪裁將纖細的身材完美呈現出來；五顏六色的裝飾尊貴精美，可以提升穿著者的氣質。

這是一件金黃色的蕾絲舞裙，

6.8.2 自然清新的舞會裝

當下的服裝流行趨勢是趨向於自然型,這種自然感慢慢延伸到了舞會服裝,不拘泥於布料和剪裁,輕鬆演繹著端莊、高貴的風情。

輕盈的紫色蕾絲裙裝,有著一種神祕高貴的奢華感,蕾絲布料不僅輕盈,更有著很好的透氣性,穿著起來非常舒適。

服裝的配色方案:

二色搭配

三色搭配

多色搭配

白色貼胸裙以粉紅色和藍色的花紋圖案裝飾,俏皮可愛,有著清新活力的少女氣息。

關鍵色:

色彩印象:

黑色的公主舞會裝,印有粉紅色的花紋,充滿夢幻的味道。

小技巧:

A字型的舞裙,蓬鬆褶皺的裙襬,輕盈舒適。腰間搭配寬寬的黃色絲帶,勾勒出性感的腰肢,並散發著甜美、俏皮的氣息。這種純真最能打動人。

這款裙裝剪裁設計簡單俐落,服裝重點在於衣領處和腰間,再印上精緻的白色花紋,簡潔又大氣。

CHAPTER

07

服飾風格與配色

　　服裝風格指一個時代、一個民族、一個族群或者一個人的服裝在形式和內容上所呈現出來的性格特點、內在品格、藝術特色、審美情趣。如今，服飾的款式多種多樣，也形成了很多的風格，主要包括通勤風格、中性風格、淑女風格、運動風格、文藝風格、華麗風格、民族風格、嘻哈風格等。

7.1 通勤風格

通勤風格是適合在工作中穿著的服飾，通常剪裁簡潔、大方得體。這樣的服裝更能打造幹練、簡潔、清爽的形象，突出氣質。

1. 通勤風格的搭配特點

通勤裝也是職業裝的一種表現方式，這樣的風格更加的隨性，適合在辦公室和休閒場合穿著，往往使用簡潔的款式、高級的材質，設計出簡單、大方的西裝，這樣穿起來舒適又不失優雅。

簡潔的樣式是關鍵，要避免過於複雜的色彩，我們要使用簡單的顏色搭配，使得通勤裝既舒服又不失優雅。

西裝和襯衫的搭配可以更為直接地展現通勤風格。獨具一格的襯衫搭配修身裁剪的西裝，給人一種時尚休閒感。

2. 通勤風格的配色方案

⊙ 活潑感通勤風格的配色：使用鮮豔的顏色及統一的色系使整個搭配看起來更加的活潑。

⊙ 嚴肅感通勤風格的配色：使用中純度的顏色搭配往往會給人一種嚴肅的感覺。

⊙ **華美感通勤風格的配色**：可以使用鮮豔的顏色搭配樸素的顏色，使職業裝顯得更加華麗。

3. 通勤風格的常見方式

套裝的設計可以使得整體色調和諧統一。西裝和短裙的搭配可以將職業女性的幹練與柔美完美地融合在一起。

西裝外套褲子和白襯衫搭配其他休閒類的服飾，使得整個職業感的服飾透露出一種舒適感，搭配黑色手拿包更顯出整個人的幹練。

4. 通勤風格提升品味的技巧

怎樣提升自己通勤風格的品味？首先將西裝穿出一種層次感，將褲長調整到腳踝處，可以敞開襯衫的三粒扣，或是繫上一條絲巾。透過這些小的細節來提升服裝搭配的品味。

7.1.1　通勤西裝的亮點搭配

西裝的搭配一般會給人一種呆板的感覺，但是透過我們變化組合的方式，使得西裝也可以展示出各種各樣的風格。我們可以使用其他簡單款式的風格，只要盡量在保持這樣職業裝的基礎上添加一些其他元素，不影響整體風格的同時卻使得職業裝更加的時尚。

誇張的襯衫造型，可以使整個服裝搭配充滿時尚感，又因為是西裝，不會顯得特別誇張。

高跟鞋使人的時尚感和氣質自然地得到了提升，高跟鞋與西裝外套的搭配使整個人顯得更加時尚幹練。

西裝的獨特造型使得整個服裝透露出一種時髦感，襯托出一種「女王」氣質，使得時尚感升級。

服裝的配色方案：

二色搭配

三色搭配

多色搭配

關鍵色：

色彩印象：

黑色給人一種沉穩幹練的感覺，在藍色和紅色的點綴下，使得整個西裝外套又具有一種活潑的感覺。

小技巧：

連身裙搭配精緻的小西裝外套，不僅能顯示出女性的柔美，還能將完美的身體曲線展示出來。

7.1.2　混搭打造時尚通勤裝

我們要把西裝穿成經典,就要去掉西裝的正式感,因為正式的西裝會讓人感覺很單調,如果嘗試在細節上去掉正式化,則會讓通勤裝變得更加時髦。

關鍵色:

色彩印象:

藍色和白色給人一種清爽的感覺,使得職業裝顯得很活潑。

小技巧:

白色襯衫搭配牛仔褲,經典的白襯衫搭配休閒牛仔褲給人一種獨特感。

白襯衫常會給人一種正式的感覺,搭配皮褲和長外套,一種獨特的時尚感顯示出來。

寬大的藍色襯衫給人一種休閒感,喇叭褲使整個服飾變得充滿個性。

不對稱的襯衫和褲子調整了身體的整個曲線,使得服飾搭配更具個性。

服裝的配色方案:

二色搭配

三色搭配

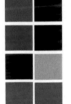

多色搭配

7.2 中性風格

中性風是新時代女性非常喜愛的一種服裝風格,透過帥氣大方、不拘小節的裝扮突出個性美。中性風格的服裝,以其簡約的造型來提升女性在社會中的自信,以簡約的風格給人一種朦朧美。

1. 中性風格的搭配特點

外套的裝飾是中性風格的一種特點,沒有腰部線條的修飾,直直寬寬,給人一種男性美,肩膀的設計使得身體的橫向線條加寬。

在褲子的設計上添加了一種隨性的曲線,搭配高跟鞋,更能凸顯出中性風格的特點。

領帶可以增加一絲中性的氣質,簡單的襯衫搭配隨性風格的領帶,使得個性更加凸顯。

2. 中性風格的配色方案

⊙ 華麗中性風格的配色:使用華麗的顏色表現中性風格,顏色與風格相結合表現出了一種中性美。

⊙ 樸素中性風格的配色:使用中純度的顏色給人一種淡雅的感覺。

⊙ 休閒中性風格的配色：使用黑白顏色的搭配展現出一種幹練美。

3. 中性風格的常見方式

　　帶有飄帶樣式的襯衫使整個身體線條被拉長，搭配不對稱半裙裝的褲子，使整個服飾酷酷中又帶有一絲柔美，符合中性風格的特點。

　　寬肩的外套、帥氣的襯衫、線條明顯的褲子，用這些元素搭配女性柔美的氣質，給人一種中性的柔美感。

4. 中性風格中服裝搭配技巧

⊙ 短褲、短裙搭配男性化剪裁的襯衫：這樣的搭配給人一種端莊又活潑的感覺。可搭配高跟鞋或者厚底鞋來完善。

⊙ 黑西裝褲和高跟鞋：將黑西裝褲進行中性化的剪裁，將誇張的剪裁與女性的身材線條相結合，讓穿著者看起來更加幹練、前衛。

7.2.1 不同的襯衫打造出的中性風格

襯衫是一種既可穿出穩重，又可穿出隨性的時尚單品。從單品出發，使用其他服飾作為修飾，合理的搭配使得中性風格完美地展現在人們的視線內。

女性搭配黑色襯衫給人一種酷感，與藍色寬鬆的西裝褲搭配，給人一種幹練的感覺。

亮色調的襯衫搭配龐克風的外套，將柔美的中性風格展現得淋漓盡致。

長款襯衫的立領給人一種幹練的感覺，素色的條紋是樸素大氣的代表。

服裝的配色方案：

二色搭配

三色搭配

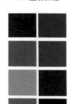

多色搭配

關鍵色：

色彩印象：

使用紅色和深藍色組成的條紋襯衫呈現出了一種搶眼並出挑的線條美。

小技巧：

襯衫的穿法給人的感覺很隨意，作為內搭，可以更加隨意地展示出男性的個性。

7.2.2 中性色打造中性風格

由黑色、白色及黑白色調混合出的不同灰色系列，這樣的顏色給人一種乾淨、整潔、沉穩和神祕的感覺。使用這樣的顏色搭配出的服飾，會顯得簡潔大方。

關鍵色：

色彩印象：

黑色給人一種幹練的感覺，與灰色搭配使得酷酷的視覺效果更加突出。

小技巧：

高腰褲拉長了腿部線條，灰色的喇叭褲更增加了女性的柔美感。

使用黑色作為主色調，使整個服飾搭配變得更加的神祕。

白色襯衫搭配灰色闊腿褲，顏色上給人一種樸素的感覺。

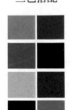

使用白色襯衫搭配西裝褲給人一種男性的幹練美。將襯衫放到褲子裡面使得整個人更加的乾淨俐落。

服裝的配色方案：

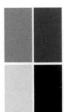

二色搭配

三色搭配

多色搭配

7.3　淑女風格

　　淑女裝通常給人一種時尚、優雅、親切的感覺，這樣的衣服穿起來會使整個人的身形變得更輕柔，打造出一個溫文爾雅的柔美女子。這樣的衣服通常給人一種儀容得體的感覺，能更好地展示一個柔美女性的氣質。

1. 淑女風格的搭配特點

　　淑女裝通常使用小的花紋和圖案來裝點，使整個人的美顯得沉著內斂。並且簡單精緻的服飾圖案也更能襯托出穿著者的品味。

　　淑女裝的樣式都會完美地襯托出女性身材的玲瓏美，顏色搭配也都比較溫和，能將女性的柔美展示出來。

　　這樣的衣服通常包含了女性很多的特點，能將女性身材的優點和女人味更加全面地展示出來。

2. 淑女風格的配色方案

- ⊙ 春秋季淑女風格的配色：使用淺色中純度的顏色搭配，即便在春天也可以使用這樣的中性色打造出一種樸素的淑女風格。

- ⊙ 冬季淑女風格的配色：冬季可以使用亮色調和深色搭配，深顏色給人一種溫暖厚重的感覺，亮色調提升了整體的色調，使之更加和諧。

◉ 夏季淑女風格的配色：使用鮮豔的顏色可以表現出女性的柔美。

3. 淑女風格的常見方式

高跟鞋與裙裝無疑是最能展現出淑女風格的搭配，裙裝可展示出女性身材的凹凸有致，無論是長裙還是短裙，都給人一種飄逸、精緻的完美女人味，而高跟鞋也更能襯托出穿著者優雅的氣質。

使用一些女性元素，例如花朵、蕾絲、鏤空，這樣的小細節都會使女性的服裝更加精緻，展現出一種女性獨特的柔美。

4. 淑女風格的髮型搭配技巧

淑女風格的髮型可以做成大捲的形狀，或者將頭髮辮起來，這樣的髮型會增加女性的淑女氣質。

7.3.1 連身裙打造淑女風

連身裙是裙子的一種,顏色、形狀多種多樣。連身裙是永恆不變的女裝獨有款式,是最能展示出女性魅力的服飾。

關鍵色:

色彩印象:

米白色搭配黑紅顏色的小花,使裙子給人一種精緻柔美的感覺。

小技巧:

可以將腰帶系在腰間,使連身裙的腰線上移,整個人身體的線條就會被拉長。

蕾絲的設計使整個服飾給人一種性感柔美的視覺感受。

使用蕾絲作為主要裝飾,並且裙子的剪裁很有層次感,肩部的透視設計使性感的效果更強。

黑色使整個服飾變得更精緻,連身裙剪裁的版式將身體襯托得特別修長,花朵的設計使整個衣服看起來更加的柔美。

服裝的配色方案:

二色搭配

三色搭配

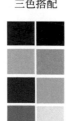

多色搭配

7.3.2　襯衫打造的淑女裝

襯衫是一個百搭的服飾，透過不同的細節設計、顏色搭配、花紋點綴，能夠打造出淑女氣質。用襯衫和其他單品搭配，更能突出服飾的淑女感和整個身體的完美線條。

關鍵色：

色彩印象：

青色的襯衫和蕾絲結合給人一種清涼和柔美的感受。

小技巧：

高腰的包臀裙，加上蕾絲襯衫使得整個身體的線條柔美地展示出來，好身材一覽無餘。

襯衫搭配有層次的肩飾，這樣的剪裁更加充滿設計感。

胸前花邊的樣式簡單大方，整個襯衫透著一種很強的女人味。

蝴蝶結裝飾的領結，增強了服裝的淑女感，同時蝴蝶結也是女生比較喜歡的裝飾。

服裝的配色方案：

二色搭配

三色搭配

多色搭配

7.4　運動風格

運動風格服裝的特點是在運動時穿著舒服，運動的伸縮性強，除了在跑步、健身等運動時穿，也可在日常生活中穿著，隨心而舒適。

1. 運動風格的搭配特點

衣服的形狀多以 H 型、O 型為多，自然寬鬆，便於活動。還有以緊身設計為主的衣服，穿著貼身，在運動時不會造成運動障礙。這樣的兩種設計可以根據不同的場合和需要來進行選擇，以方便人們運動。

運動服裝的布料通常都是棉質的，或者是最近新興的一種可以吸汗速乾的材料，總之無論什麼樣的材料，運動風格的服裝都需要吸汗，並且穿著舒適。

色彩搭配方面可以使用鮮明的、明度不同的顏色，鮮明的顏色往往會令人產生興奮之感。

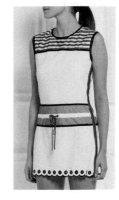

2. 運動風格的配色方案

⊙ 春秋季運動服裝的配色：使用中純度的顏色，在春天和秋天這樣的季節不會顯得特別的突兀。

⊙ 冬季運動服裝的配色：深顏色的運動服也是很實用的，這樣的設計在冬季會給人一種溫暖的感覺。

⊙　夏季運動服裝的配色：使用鮮豔的顏色可以激起人們運動的熱情。

3. 運動風格的常見方式

　　舒適、簡潔、合體是運動服下裝的特點，運動褲的趨勢在於設計剪裁時，會基於人體工程學，使人們在穿著時感覺很舒適。

　　寬鬆感的運動褲搭配簡單的上衣，運動裝要盡量做到簡潔，不要添加一些繁瑣的裝飾，不然會讓人們在運動時產生障礙感，影響了運動的品質和心情。

4. 運動風格的短裙搭配技巧

　　當我們選擇裙裝作為運動服裝時，需要將裙裝進行更完善的設計。裙裝盡量短一些，這樣超過膝蓋的設計更方便運動，還可以在裙子裡面添加褲子樣式的襯底，這樣可以使得運動起來更安全。

7.4.1　清爽怡人的運動裝搭配

　　夏季雖然是炎熱的，但也是人們最喜愛外出運動的季節，所以服裝的搭配就要做到既清爽怡人，又使整個人看起來很時尚。

關鍵色：

色彩印象：

　　使用藍色和粉色的搭配給人一種對比強烈的視覺感受。

小技巧：

　　短褲和吊帶衫的搭配使運動更加的輕便，使用的顏色也給人一種清涼的感覺。

　　裙子使用獨特的剪裁，使得單一的配色給人一種富有個性的感覺。

　　上衣採用透視的設計，既增添了個性，又為運動中的人帶來幾分涼爽。

　　使用連身裝作為運動服飾，這樣的設計使運動更加輕便。

服裝的配色方案：

二色搭配

三色搭配

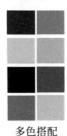

多色搭配

7.4.2　個性運動服裝搭配讓你愛上運動

運動風越來越受到人們的喜愛，可以根據運動裝的一些基本設計來進行改造，對運動裝添加一些個性設計，可以使運動裝也能變得時尚帥氣，不但可以吸引人的目光，還令自己穿得很舒適。

關鍵色：

色彩印象：

使用紫色作為主體色給人一種視覺上的吸引力。同時使用其他顏色作為輔助色，設計出口袋的形象，使服裝別出心裁。

小技巧：

冬天人們穿的都特別厚，所以要對冬季運動服進行特殊的剪裁，減少服裝的厚重感，使得運動更加輕便。

具有透視感布料的上衣透氣且輕便，透視裝還會給人一種神祕感。

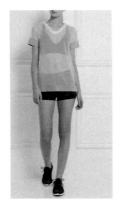

在緊身的短褲外面設計一層寬鬆的網料，這樣的設計使得臀部曲線看起來不會那麼明顯。

這是一個連身的運動服裝，顏色上比較單一，卻給人一種清爽的感覺，使用獨特的剪裁方式，使服裝更具女性的柔美。

服裝的配色方案：

二色搭配

三色搭配

多色搭配

7.5 文藝風格

　　文藝風作為一種穿衣風格受到了越來越多人的喜歡。這樣的穿衣風格往往給人一種清新、個性、獨立的感覺，喜歡這類服裝的人通常對潮流和審美有自己獨特的見解，也很注重自我感覺。

1. 文藝風格的搭配特點

　　文藝風格的服裝通常以棉麻材質為主，這樣的材質通常給人一股獨特的韻味，也正和文藝風的個性、不隨波逐流的感覺相符合。

　　文藝風格的服裝使用不那麼刺激視覺的顏色，通常給人一種緩和的感覺。即便使用多種顏色，也會將顏色搭配得讓人看起來特別舒服。

　　文藝類的服裝通常會帶給人一種意境美，可能是清新的、復古的、森林系的，文藝風格的服裝總是會給人一種獨特的韻味。

2. 文藝風格的配色方案

- 小清新文藝風格的服裝配色：使用一些清新亮麗的顏色，明度高但又不是特別的鮮豔，所以給人一種小清新的感覺。

- 森女文藝風格的服裝配色：使用森林的顏色，但是一般都用暗色調的，給人一種神祕的韻味。

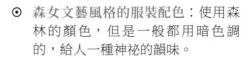

⊙　復古文藝的服裝配色：使用一些低調的顏色，不是特別的鮮明，但是又有一點
　　顏色顯現出來，這樣的顏色搭配在一起，有一種年代的滄桑感。

3. 文藝風格的常見方式

　　寬鬆的裙子能使整個身體的線條變得模糊，這樣的衣服給人一種休閒愜意的視覺感受，穿著寬鬆的衣服給人一種隨性的韻味。

　　用單品進行裝飾，例如使用圍巾式的外套，透過其層次、紋理、顏色等，表現出一種復古的感覺，然後透過寬鬆的佩戴方式使整個搭配給人一種文藝範的感覺。

4. 文藝風格的層次搭配技巧

　　如何讓人們一眼就能判斷出你的風格是否為文藝風格？可以利用帶有層次感的衣服，結合顏色和樣式，呈現出一種文藝風格的感覺。

7.5.1 減齡的文藝風格

文藝風格的服裝一般都很有設計感，無論是剪裁、顏色等，一般形狀設計得都比較有兒童服飾的感覺，給人一種可愛、小巧的視覺感受，這樣的穿著無疑會讓人覺得年輕了很多。

關鍵色：

色彩印象：

黃色和淺灰色給人一種清新淡雅的感覺。

小技巧：

裙裝比較素雅時，可以搭配一些亮色的裝飾來豐富服飾的色彩。

闊袖的設計給人一種圓潤的感覺，蕾絲的領子增加了服裝的柔美感。

花邊和褲腿上的收腿設計使整個服裝給人一種甜美的感覺。

粉色的連身裙給人一種柔美的感覺，泡泡袖給人一種可愛的感覺。

服裝的配色方案：

二色搭配

三色搭配

多色搭配

7.5.2　格子衫打造出的文藝風

　　裙子、外套、風衣、圍巾都是格子出現頻率較高的服飾。格子是文藝風格中很重要的服裝元素,非常容易使人散發出清新、文藝的味道。

　　上衣使用藍、綠色來搭配,並在衣服的邊緣添加花邊,給人一種可愛又復古的感覺。

長款襯衫使整個身體被修飾得特別修長,格子襯衫給人一種森系的文藝風格。

淺淺的顏色的格子襯衫搭配棕色的毛衣外套,使其在顏色上給人一種舒適的感覺。

服裝的配色方案:

二色搭配

三色搭配

多色搭配

關鍵色:

色彩印象:

　　使用中純度的顏色給人一種淡雅的感覺。

小技巧:

　　格子的上衣給人一種條理美,顏色比較淺淡會給人一種優雅舒適的感覺。

7.6 華麗風格

華麗意為美麗而有光彩,是指富麗、華美的風格格調。華麗風格的服裝深受女性的喜愛,可將女性的性感身材、內涵修養完美詮釋出來。

1. 華麗風格的搭配特點

使用綢緞或者上好的蕾絲等,一眼看上去就能識別出是高貴的布料,使整個服裝展現出華麗的風格與特點。

使用獨特的剪裁,將完美的身材展現出來。例如下圖中在裸袖上加上蕾絲的設計,增加了服飾的神祕感。魚尾裙的設計可以使人的腿形完美地展示出來。

穿衣盡量展示出身材最好的部位,透過不對稱的設計增加衣服的設計感,使整個衣服顯得更加高貴,統一的顏色使衣服給人一種簡單大方的華麗美。

2. 華麗風格的配色方案

⊙ 春秋季華麗服裝的配色:使用比較鮮明的顏色給人一種華麗溫暖的感覺。

⊙ 冬季華麗服裝的配色:使用純色但是顏色很獨特的色彩搭配給人一種溫暖舒適的感覺。

⊙ 夏季華麗服裝的配色:使用鮮明清涼的顏色給人一種華美的感覺。

3. 華麗風格的常見方式

　　精緻的裙裝能將人的體型完美地展現出來，腿部和上身均被裙裝的剪裁風格體現得特別修長，顯示出了女性的婀娜多姿，搭配上好的材料更能顯示出服裝的華麗。

　　使用統一的花紋或者圖案，這樣的設計給人一種和諧的感覺。統一的圖案更給人一種華麗的感覺，不會使衣服顯得過於花哨。

4. 華麗風格的顏色搭配技巧

　　華麗服裝的搭配一定要注意，顏色搭配要讓人感覺乾淨舒適，不能給人一種花哨的感覺，要盡量顯得華麗。偏紫色的顏色往往給人一種華美的感覺，金色與黑色搭配也會給人一種高貴的感覺。

7.6.1 華麗服裝讓你做氣質女神

華麗風格的服裝給人一種時尚感、成熟感，兼具外觀和品質的服裝風格。細節設計得很精緻，裝飾更加襯托出女性柔美的姿態，在這裡將介紹華麗服裝所體現出的氣質。

關鍵色：

色彩印象：

深藍色給人一種靜謐、沉穩、高貴的感覺。

小技巧：

拖尾使裙子具有一種高貴的氣質，是適合參加宴會的服裝。

連身裙的袖子設計使得手部的線條得到修飾，並且這樣的袖子給人一種誇張的個性感。

使用透視感的碎花，並且使用藍色和黑色搭配，賦予連身裙一種神祕的感覺。

上衣獨特的剪裁方式，使整個服裝搭配給人一種與眾不同的氣質。

服裝的配色方案：

二色搭配

三色搭配

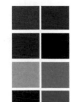

多色搭配

223

7.6.2　多種樣式的華麗風格服裝

華麗風格的服裝也可以根據不同場合賦予它不同的風格，還可以根據性格特點搭配屬於自己特點的華麗風格的服裝。

黑色的連身裙給人一種高貴的感覺，在裙底搭配一種點狀網料作為裝飾，使裙裝充滿了神祕感，更有女人味。

服裝的配色方案：

二色搭配

三色搭配

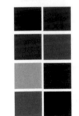

多色搭配

關鍵色：

色彩印象：

藍色和純度不那麼高的黑色搭配，給人一種涼爽的精緻感。

小技巧：

這樣的藍色連身裙搭配蕾絲的布料給人一種可愛的感覺。

一種職業感的華麗服飾，衣服的整個剪裁給人一種幹練美。

黑色和灰色搭配給人一種嚴肅的感覺，這樣的設計使整個人休閒舒適，又不失高貴。

7.7　民族風格

　　民族風格的服飾，一般都是基於一個民族或者一個時代產生的文化。透過獨特的樣式或者精美的花紋，能夠展示出民族風格想傳達給人的一種文化氣息。

1. 民族風格的搭配特點

　　民族風格的特點在於一種形式的統一，使用統一的花紋，根據不同的風俗習慣、文化特點設計專屬的圖案來點綴服飾，使人一眼就能感覺到服裝帶給人的文化底蘊。

　　根據民族的文化信仰、生活習慣等選擇衣服的顏色，有些民族還會根據自己的信仰來設計服飾，服飾的剪裁和花紋依靠一些近似的事物表現出來。

　　有時候用民族風格的服裝來進行裝飾，會產生一種獨特的美感。可以使用民族風格的圖案和花紋來設計衣服的樣式，給人一種脫俗的美感。

2. 民族風格的配色方案

⊙ 樸素感民族風格服裝的配色：使用中純度的顏色給人一種樸素感。

⊙ 休閒感民族風格服裝的配色：比較淡的顏色使服飾給人一種休閒感。

⊙ 華麗感民族風格服裝的配色：顏色搭配給人一種豐富和華麗感。

3. 民族風格的常見方式

　　民族風格的服飾大多都是以鮮豔的花朵還有其他元素組成的花紋為圖案，給人一種鮮豔的感覺，但是透過合理的設計可使得服飾顯得特別精緻。

　　將富有民族風格的服飾與現代感的服飾結合，這樣的服飾設計可以更好地讓人們在日常生活中進行穿著搭配。

4. 民族風格的服裝搭配技巧

　　外套、上衣、褲裝等的設計，可以採用一些帶有民族元素的裝飾，並結合其他服裝進行裝飾，這樣可以使民族風格的服裝裝飾更加符合日常穿著。

7.7.1　使人眼前一亮的民族風

　　民族風服飾具有一種特殊的韻味，透過花紋可傳遞一種特殊的文化訊息，使人忍不住產生聯想。

關鍵色：

色彩印象：

　　使用金色和黑色相結合，給人一種高貴的感覺。

小技巧：

　　蝴蝶袖可以遮擋肩膀上多餘的肉，也能修改肩膀上的線條。

　　搭配有民族風的長裙，給人一種成熟的女性韻味。

　　白色給人一種充滿仙氣的感覺，使用紅色的花紋作為點綴，使整個服飾更加精緻、有韻味。

　　用黃色、藍色、綠色等多種顏色繪製的圖案。使得整個衣服充滿異域風情美。

　　服裝的配色方案：

二色搭配

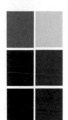

三色搭配

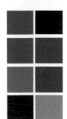

多色搭配

7.7.2　混搭風格的民族風

混搭的民族風格越來越走近人們的生活中，民族風的服裝花紋即便很複雜，卻不會給人一種雜亂的感覺，所以很受人們的喜愛。

外套上富有民族風格的花紋給人一種清新淡雅的感覺。

襯衫領子使用了一些富有民族風格的設計手法，搭配牛仔褲給人一種個性感。

服裝的配色方案：

二色搭配

三色搭配

多色搭配

關鍵色：

色彩印象：

使用比較重的顏色給人一種刺激的視覺感受，這樣的花紋給人一種精緻感。

小技巧：

西裝外套的款式使用民族風格的元素，給人一種特殊的女人味。

白色蕾絲的連身裙給人一種文藝民族風的感覺，搭配牛仔外套給人一種休閒感。

7.8 嘻哈風格

　　嘻哈風是一種街頭風格，是一種與音樂、舞蹈、搖滾相關的服飾風格。由於能裝扮個性，逐漸成為一種流行的服飾。

1. 嘻哈風格的搭配特點

　　嘻哈風格的服飾一般都會給人一種尺寸特別大的感覺，衣服通常是寬鬆的，整個人給人一種俏皮、瘋狂的視覺效果。

　　嘻哈風格服飾擺脫了框架的束縛，使用隨性的圖案、金屬拼接、漫畫元素展現出一種率性不羈的年輕態度。

　　嘻哈風格的服飾，點綴通常使用金屬或者其他誇張的裝飾，給人一種極具衝突感的美。

2. 嘻哈風格的配色方案

- 春秋裝嘻哈風格的配色：中純度的配色可以給人一種休閒的感覺，這樣的穿搭能凸顯一種自由。

- 冬裝嘻哈風格的配色：深色給人一種溫暖、神祕的感覺。

◉　夏季嘻哈風格的配色：使用絢麗的顏色，使得服飾搭配更加具有衝突感。

3.嘻哈風格的常見方式

　　使用金屬、刺繡、噴繪等方式給人一種個性的感覺，這些誇張的圖案會充分展示穿著者不羈的個性。

　　衣服多用拉鍊進行裝飾，這樣的重金屬材質給人一種酷帥的感覺，搭配其他柔美的服飾，可展現出一種中性美。

4.嘻哈風格的顏色搭配技巧

　　嘻哈風格往往給人一種酷感，所以在進行顏色搭配時，可以多選擇黑色作為主色調，以其他顏色作為點綴，使得個性感得到提升。

7.8.1 獨具風格的嘻哈風格服飾

隨著時代的發展，嘻哈風格已經不僅僅是從事歌手等相關職業的人的穿著，經過一些生活的改變，越來越多的設計將嘻哈風格變得可以在日常生活中滿足人們的穿搭需要。

皮質的衣服給人一種個性炫酷感，添加了流蘇感覺的裝飾，增加了衣服的柔美。

綠色和紅色給人視覺上的衝擊，衣服和褲子都給人一種寬鬆的感覺，使其有一種輕鬆自由的感覺。

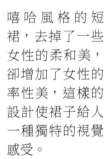

嘻哈風格的短裙，去掉了一些女性的柔和美，卻增加了女性的率性美，這樣的設計使裙子給人一種獨特的視覺感受。

服裝的配色方案：

二色搭配

三色搭配

多色搭配

關鍵色：

色彩印象：

棕色的皮質增加了衣服的男性豪爽美，反光的灰色裙子使得整個衣服獨具個性。

小技巧：

男性與女性的服飾特點相結合的設計給人一種中性美，更加吸引人的注意力。

7.8.2　混搭讓你穿出個性的嘻哈風

混搭在服裝搭配中是很重要的，如果搭配不好會給人一種不倫不類的感覺。在進行嘻哈風混搭時需要將此風格的元素牢牢掌握，從而搭配出讓人眼前一亮的服飾。

寬大的皮質外套，給人一種穩健美，搭配絲質感的連身裙，整個服飾展現出一種神祕的女性美。

服裝的配色方案：

二色搭配

三色搭配

夾克感覺的嘻哈外套搭配高跟鞋，拉長了人的腿部線條。

多色搭配

關鍵色：

色彩印象：

藍色和黑色搭配使整個服飾顯得神祕、幹練。

小技巧：

嘻哈風格的服裝通常更接近男性服裝的款式，為了避免過度的「陽剛」，可以搭配一些女性化的元素，例如短裙、喇叭袖等。

夾克感覺的外套給人一種機車風，這樣的搭配使整個服飾充滿中性的幹練美。

服裝色彩搭配寶典

服裝設計知識╳材料與配色╳個人定位與服裝色彩

編　　著：唯美映像

發 行 人：黃振庭

出 版 者：崧燁文化事業有限公司

發 行 者：崧燁文化事業有限公司

E-mail：sonbookservice@gmail.com

粉 絲 頁：https://www.facebook.com/
　　　　　sonbookss/

網　　址：https://sonbook.net/

地　　址：台北市中正區重慶南路一段六十一號八
　　　　　樓 815 室

**Rm. 815, 8F., No.61, Sec. 1, Chongqing S. Rd.,
Zhongzheng Dist., Taipei City 100, Taiwan**

電　　話：(02)2370-3310

傳　　真：(02) 2388-1990

印　　刷：京峯彩色印刷有限公司（京峰數位）

律師顧問：廣華律師事務所　張珮琦律師

定　　價：580 元

發行日期：2022 年 5 月第一版

◎本書以 POD 印製

國家圖書館出版品預行編目資料

服裝色彩搭配寶典：服裝設計知識
╳材料與配色╳個人定位與服裝色
彩 / 唯美映像 編著 . -- 第一版 . --
臺北市：崧燁文化事業有限公司，
2022.05
　面；　公分
POD 版
ISBN 978-626-332-342-1(平裝)

1.CST: 服 裝 設 計 2.CST: 衣 飾
3.CST: 色彩學
423.2　　111005967

官網

臉書